U0730835

湖湘传统文化元素
在包装设计中的应用实践研究

戴花 李玲 著

中国海洋大学出版社

·青岛·

图书在版编目（CIP）数据

湖湘传统文化元素在包装设计中的应用实践研究 ／戴花，李玲著． — 青岛：中国海洋大学出版社，2019.4
ISBN 978-7-5670-2281-2

Ⅰ．①湖… Ⅱ．①戴… ②李… Ⅲ．①地方文化－应用－包装设计－研究－湖南 Ⅳ．①TB482

中国版本图书馆 CIP 数据核字（2019）第 126305 号

出版发行	中国海洋大学出版社			
社　　址	青岛市香港东路23号	邮政编码	266071	
出 版 人	杨立敏			
策 划 人	王　炬			
网　　址	http://pub.ouc.edu.cn			
电子信箱	tushubianjibu@126.com			
订购电话	021-51085016			
责任编辑	由元春	电　　话	0532-85902495	
印　　制	上海长鹰印刷厂			
版　　次	2019年8月第1版			
印　　次	2019年8月第1次印刷			
成品尺寸	185 mm×245 mm			
印　　张	8			
字　　数	180 千			
印　　数	1～1000			
定　　价	66.00 元			

前言

　　湖湘传统文化指的是湖南地区悠久的历史文化，是湖南人在漫长的历史进程中不断累积创造的区域文明，是湖南数千年来历史文明的一种见证，是一种特征鲜明且具有稳定性而又富于传承的一和历史文化形态。湖湘传统文化，追溯其起源，可以在先秦、两汉时期的楚文化之中得以窥见。典型的代表性事物，如屈原的诗歌、马王堆出土的各种文物等，都是具有鲜明楚地文化特色的典范。南北朝至唐宋以来，随着历史的变迁、社会的发展进步，特别是在宋、元、明三朝的几次大规模移民之后，湖湘地域的人们在风俗习惯、思想观念上都发生了重大变革，陆续出现了一系列对湖湘历史文化有重大影响的人物，如理学鼻祖周子、明末清初著名思想家王夫之、清代思想家"睁眼看世界第一人"魏源等，在他们的思想影响下，组合重构了一种新兴的地域文化形态，也感是湖湘文化形式。从湖湘文化的起源发展来看，对其影响最深的莫过于先秦、两汉时期的楚文化，这也是湖湘文化的发展源头。在经过宋元明清时期的文化洗礼之后，书写了近代中国"惟楚有材""半部中国近代史由湘人写就"以及"无湘不成军"等赞誉。

　　从湖湘文化的形成过程来看，其具有几大特点：首先，湖湘文化不仅有数千年的历史，而且发源于炎黄文化以及神农文化，虽然从现有文献来看，炎黄文化与古老的湖湘文明之间究竟有何渊源已经难以考证，但湖南是中国近代文化史上所留下最为可信的神农故地，而且具有最为浓郁的炎黄文化气氛，这是不能否认的。湖南省炎陵县鹿原陂一直被认定是炎帝长眠之地，宋太祖在公元 976 年就曾"立庙陵前"，清乾隆年间又有"邑有圣陵"的石刻被立于祭道两旁，可见湖湘大地与炎黄文化历史之间源远流长的呼应关系。其次，湖湘文化作为一种地域文化，与儒学文化、荆楚文化之间也有着不可分割的关系。一方面，中原提倡的儒学思想在思想学术层面深深影响了湖湘文化的发展，如在省会长沙岳麓书院讲堂中所悬挂的牌匾"道南正脉"，就表明了湖湘文化正是正统儒学思想的代表。另一方面，从唐宋流传至今的地域风土人情、民风民俗等根植于湖湘本地的荆楚文化，正是这两种文化的碰撞、组合，形成了独具地域特色的文化类型。儒学思想的正统、荆楚文明□的刚烈个性造就了湖湘人民特有的人格魅力和自我精神。正是在这种文化的影响下，才孕育出了湖湘大地灿烂多彩的传统非物质文化和丰富独特的人文情怀。

　　本书作者通过近两年的考察实践，跨越了湖湘大地诸多传统非物质文化遗产的诞生之地，并对湖湘传统文化中具有典型特色的传统文化元素进行了搜集、整理，力求将有代表性的典型传统文化元素展示给大众，并通过在包装设计中的实践运用，将传统文化进行有机组合、创新，使其得以传承和发扬。

在湖湘多彩的传统文化影响下，诞生了许多经典的地域产品，如洞口蜜橘、武冈卤菜、湘潭灯芯糕、滩头年画等，这些地域特色产品在销售推广方面，都存在于本地热销、其他地方知名度欠佳的现象，追溯其问题现象产生的根源，则在于缺乏文化内涵的植入。无论是地域特色食品还是地域特色的非遗文化产品，都是中国广大劳动群众在数百年乃至上千年的生活起居中经过历史洗练发展的产物，它不仅是当地地域文化的组成部分，也是湖湘优秀传统文化发展的产物。然而，社会经济的迅猛发展，设计产业的不断发展进步，使得农村人口不断向城市涌进，迫于生活经济压力，留守在各个城镇乡村从事地域食品加工生产和传统非物质文化艺术创作的艺人越来越少，机器化大生产逐渐取缔了传统手工制作。在这个发展过程中，湖湘传统文化的重要组成部分——地域特色食品加工、传统非遗文化传承逐渐随着乡村人口的锐减、外出打工人员的速增，日渐衰败、凋敝，慢慢消失在人们的日常视野中。基于此，如何传承本地传统文化，发扬传统文化精神，重塑传统文化内涵，就成为我们面临的一项重要课题。

自党的十八大以来，中国政府加快了建设乡村发展的步伐，提出"从单纯注重空间建设到注重其经济、社会、文化的全面发展"，也于 2016 年在中央一号文件中明确指出"要依托农村绿水青山、田园风光、乡土文化等资源，大力发展休闲度假、旅游观光、养生养老、创意农业、农耕体验、乡村手工艺等，使之成为繁荣农村、富裕农民的新兴支柱产业"。当今社会，商品包装千篇一律、缺乏文化属性。社会各界人群面对生活中不同的压力也开始注重提升生活质量，如何满足精神需求，同时更加关注回归原生态的生活体验。在这些大前提下，依托湖湘传统文化，进行产品包装设计的革新再创造，对推动地域经济、传承地域文化内涵，具有不可忽视的现实意义和经济价值。

戴花

2019 年 3 月于润德楼

目录
CONTENTS

第一章　产品包装设计

产品包装是指在商品流通的过程中，为了合理保护商品、方便商品储运、有效促进商品销售，根据不同的情况采用的容器、材料以及其他辅助物而进行的设计总称。产品包装是对品牌经营理念、产品个性特征、消费者心理的综合反映。它从侧面直接对消费者的购买行为起到良好的促进作用，在商品经济不断发展的今天，包装和商品是融合为一体的表现形式，可以说产品包装是商品价值体现的外衣，在商品的生产、流通直到销售的整个过程中，都发挥着非常重要的作用，因此也是设计界越来越关注的一个重要命题。

现代包装的功能随着经济模式和消费购买方式的改变，逐渐发生着变化，在传统意义上的保护、运输、容纳、销售等功能上有了新的发展，现代包装设计承担着塑造品牌形象、传播文化的任务。湖湘文化受中原文化和荆楚文化的共同影响，形成了独特的地域文化特征。在地域性产品包装中，常用的表现是通过典型的文化元素符号来实现文化内涵的传递，包装在某种意义作为传递情感交流的桥梁，在设计中也通过造型、图案、色彩、材料等内容的表现传递文化内涵。

一、包装设计的概念

包装设计是根据产品设计的主要目的和要求，选择合适的材料、造型、结构、工艺以及信息视觉设计等进行的专门而合理的设计。同时，产品在包装物上的特征设计也需要遵循文字、图案、色彩、编排等设计准则，实现包装的保护功能、美化功能、促销功能，最终实现产品销售的目的。由此可见，包装设计中囊括了设计许多不同的内容表现，如平面二维的视觉传达部分——文字设计、色彩设计、图案设计、版面编排设计等，还包括立体三维的设计表现部分——容器造型设计、纸盒结构设计等，不仅要对视觉传达设计有较强的设计美感，还需要灵活把握包装纸盒、容器的结构设计。另外，也要合理考虑包装的制作工艺。可以说，包装设计是现代技术设计与艺术设计的结合体，如图1-1至图1-5所示。

图 1-1　爱华仕箱体包装设计

图 1-2　护肤品包装设计

图 1-3 酸奶包装设计(1)

图 1-4 酸奶包装设计(2)

图 1-5　德州扒鸡包装设计

二、包装设计的特性

设计的本职在于通过物体的创新性再造，使其形成与自然、人、环境三者之间和谐统一的关系，进而使之能得到人们价值观和文化观的认同感。作为设计的一项重要分支——包装设计而言，也具有其独特的设计特性。

（一）精神特性

从物质追求到精神追求的过渡，是人类随着经济水平的提高而产生的需求表象。包装设计的精神特性指的就是通过具有设计美的包装产品的陈列和使用，能给人们带来精神上的舒适感受和愉悦美感。一件优秀的包装设计作品，不仅要能合理满足人们的物质需求，也就是我们常说的实用性需求和功能性需求，还要考虑人们的精神需求。因此，在市场上琳琅满目的商品中，能发现让自己觉得眼前一亮的商品，或者在使用某件产品时其精美的包装能让自己感觉到精神上的舒适和愉悦，都是包装设计精神特性的体现，如图1-6 所示。

设计说明

包装在花纹设计上分别以葡萄、橙子、草莓作为主要的视觉元素，结合趣味的卡通图形绘制出简洁、清新的图案，勾起童年的美好回忆。在颜色提取上也分别使用了三种糖果口味的主体色，突出糖果的口味，使包装特征更加醒目。在风格上打破了常规糖果包装单一的卡通风，混合清新、淡雅的颜色和图形，使包装焕然一新，别具一格。

❶ 图案展示图

❷ 单个包装展示图

图 1-6　糖果包装设计

（二）审美特性

审美特性主要是指产品包装的内在形式表现能够有效激发人们的审美情感，能满足人们对于视觉美感的追求。产品包装设计中的美感传递是让消费者注意到这个产品、喜爱这个产品进而选择购买这个产品的重要决定因素。而包装美感的传递，主要就是通过两个方面来实现的，一个是包装自身的整体造型、材质、色彩等方面展示给消费者的功能美感和形式美感；另一个就是人们的情感归属，情感归属的体现主要在于将包装设计的功能性和审美性结合，让包装在审美特性以非理性或者非逻辑性的形式出现。同时，它又通过包装的功能美和形式美两者的和谐统一而得以完美呈现。因此，包装的审美特性是建立在包装实用性的基础之上的，它综合了人们对于产品包装日常使用的经验性认识，并综合人们的精神需求而总结出的情感认知和审美感受，如图1-7、图1-8所示。

设计说明：

此包装在设计上我运用了益达口香糖的原有瓶型，对它的图案标签展开了设计。一系列的图案设计运用了彩铅手绘的方式表现出来，绘画内容采用了一系列生动有趣的森林小故事来表现益达口香糖的不同种类口味。其主要表达的就是浓郁的森林气息，因为森林给人的第一感觉就是空气清新。

手绘是创作者最直接、最朴实的个性表达与情感流露。手绘应用于包装、设计，可以唤起人们新的审美情趣。使消费者在购买商品时，既可感受到文化艺术的熏陶，又可对产品有亲切感和认同感。

瓶装正面效果图

条装效果图

图 1-7 益达包装设计

设计构思：

何家铺子包装整体设计采用手绘风格，以幽默风趣的狐狸造型作为主打。突出结合当下流行风潮，结合青年大众群体。

整体包装简洁明快，给人一种清新感；且风格独特，识别率高，在万千零食中脱颖而出。

设计突出品牌历史悠久，同时不给人以乏味，形象生动，彰显活力。

单品展示：

成品套装展示：

手绘原稿展示：

图 1-8 何家铺子包装设计

产品包装的审美特性是进行产品包装定位的重要依据，同时也是产品包装人性化设计中不可避免的重要问题，体现了产品包装人性化关怀。

（三）创新特性

创新特性主要是指对于产品包装设计的变革、寻求新的突破，推陈出新；也就是要打破常规的思维方式，重新开拓新的设计空间、创造新的包装设计成品。创新性是人们创作新事物的能力，也是人类自身力量和特质的集中体现；而包装设计作为长久以来人类活动的代表，创造性是其重要的特点，也是必须要遵循的一项重要准则。包装设计的这种创新性特征，贯穿于整个包装的视觉传达、创意表现、造型特色等方面，如图1-9至图1-11所示。

设计说明：

　　乾园味道牛肉干包装系列采用插画的风格，用牛头做主体形象，分别运用了国粹京剧和时尚色彩来表现，再加上大自然元素、黑色底色做背景，达到疏密有致的丰富画面效果。"乾园味道"采用白色美术字体点明产品名称，色调协调；用黑色做底色更能体现其高雅的产品形象。

图1-9　牛肉干包装设计

设计说明：

　　创意来自传统，外国人提到中国很多人会想到京剧，本包装用传统的京剧脸谱来给中国传统的糖果甜点做包装，可以让人从外包装一目了然辨别出是中国传统的东西。

图1-10　传统糖果包装设计

设计说明：

用中国的传统形象作为基础来设计产品图案，打破成规的图形设计，使包装更具有趣味性，根据儿童与青少年的心理特性，将二者相结合。运用鲜艳明亮的色彩搭配，既不失儿童的童趣，又符合青少年的青春活力。与好吃点以往的包装相比，这款包装在图案上的创新设计与颜色上的大胆搭配，更加容易博得年轻人们的喜爱。

图 1-11　好吃点零食包装设计

三、包装设计的主要内容

包装设计囊括了物体多个方面的设计，主要可以分为包装的外观造型设计、包装的内部结构设计、包装的视觉装潢设计三个方面。

（一）包装的外观造型设计

商品包装的外观造型又可以称为包装的形体设计，主要是指盛装商品的容器或纸盒形态。在进行包装的外观造型设计时，需要灵活运用形式美的法则，通过容器的色彩、形态以及其他各部分因素的变化，将具有保护功能以及审美功能形式的包装容器形态用视觉传达的形式进行表现，因此首先包装的容器设计就需要能很好地保护产品，同时还要考虑其外观的美观性和制作成本的经济性。不论哪种包装都需要通过它的形式状态进行表现，而包装的外观造型就是为包装提供结构上的保护功能以及外观上的审美功能而服务的。外观造型设计与包装的整体形态、内部结构、商品规格、放置方向等因素息息相关，是构成包装部件与视觉传达设计的载体，也是商品包装结构设计的基础，如图 1-12、图 1-13 所示。

图 1-12　饮料包装设计（1）

图 1-13 零食包装设计

在进行包装的外观造型设计时，还要掌握最新的包装材料与制作工艺，新的材料及工艺可以为包装创造出新的外观形态提供可能性与便利性，因此，设计师需要及时了解熟悉哪些材料工艺适合于制作哪些形态的容器设计，哪些造型适合选择如玻璃、塑料、金属、陶瓷等材料来制作，这些不同材料的成型特点具有明显的差异性。设计师还要利用各种材料的不同成型特点，通过多样化的表面处理方式来进行细节的表现，提高包装外观造型的质感和肌理美感。设计师应当将包装的功能性、材料特色、工艺特点等要素融入外观设计表现中，并通过点线面的组合构成以及空间、色彩、体面、肌理的元素的构成，灵活运用形式美法则，并结合时代性和民俗性特点做出具体的处理方式，最终形成一套完整的包装设计产品。

（二）包装的内部结构设计

包装的内部结构设计主要是指根据包装的保护性、便利性以及可以重复使用的特性出发，依照其基本功能和实际生产情况，来对包装内部结构进行科学的规划设计，以求通过优良的结构设计，使得商品得到合理而有效的保护。对于包装的结构设计而言，首先要考虑它的保护功能，这也是包装最基本的功能；其次要考虑包装的使用、便携、展示陈列以及储运时的便利性；最后要尽可能地多考虑包装的绿色环保性，即可重复利用性，同时还要尽量展示内部商品。设计者要尽可能实现包装内部的结构展示与外部的视觉传达设计相辅相成，相互融合统一，从而实现包装的整体功能设计。

包装商品内容物多样化的特点决定了包装的内部结构设计也具有丰富多样的表现形式。在材质上就有纸盒、金属罐、塑料罐等多种包装容器的组合形式，相同的造型根据其材质加工的特点和功能的不同，又可以对其设计为多种具有不同特点的包装主体部分、底面部分以及封口结构部分。同时，也有一些依靠模具成型的方式制作而成的包装结构，如玻璃、陶瓷、塑料等中间镂空的容器形式，其造型和结构是完全统一融合在一起的。总的来说，容器造型依靠不同部分的内在结构得以体现，结构则依赖包装造型而得以生存，两者是缺一不可的关系，如图 1-14、图 1-15 所示。

包装的内部结构设计还包括包装的造型与功能、用材等因素，主要可以解决包装的承重、收纳、支撑、排列、固定、保护以及方便加工、生产储运、开启消费等问题，是包装设计中涉及范围较广、难度相对较高的一个重要环节。

包装盒立体图

包装盒展开图

整体效果图

图 1-14　饮料包装设计 (2)

图 1-15　饮料包装设计（3）

（三）包装的视觉装潢设计

　　包装的视觉装潢设计主要是指包装设计中的图案、文字、色彩以及其他艺术表现形式，主要是突出商品的形象特色，以求让包装的整体造型更加精美、图案更具特色、色彩更明艳、文字更独特，通过这种方式让产品包装更具装饰性和美观性，进而促进产品的销售，如图 1-16 至图 1-19 所示。包装的视觉装潢设计是颇具综合性的功能表现，它融合了实用美术和工程技术的特点，是工艺美术和工程技术的有效结合，同时也贯穿了市场学、经济学和心理学以及其他学科的内容，体现了设计的包容性。

整体效果图

标签展开图

设计说明：

娃哈哈酵苏包装设计根据其主要消费群体为女性的特点，设计了身处红茶林、芒果林、桑葚林的女孩场景，女孩积极健康的形态与酵苏健康喝出来的品牌特征。整体色彩分别为红色、黄色、紫色，体现了酵苏不同的口味。

图1-16 饮料包装设计(4)

整体效果图

包装展开图

设计说明：

　　AD 钙包装系列采用装饰画的风格，将孩子的梦想表现出来，分别是宇航员、歌手、科学家、海军，用孩子稚嫩的脸、成年人的工作制服来表现，再加上和其有关的黑色线条做背景，达到疏密有致的丰富画面效果。"AD 钙"的字体采用红、橙、玫红、蓝色四种颜色表示小孩子的青春梦想和点明产品名称，色调协调。包装侧面设计了一个小的可斯贴画，小朋友喝完之后可以贴在自己的身上，鼓励自己努力实现自己的梦想，贴合娃哈哈快乐成长的主题。

图 1-17　饮料包装设计 (5)

设计说明：
1、趣猫咪系列饼干包装设计采用三只原创猫咪图案结合饼干大提琴、饼干书本、饼干服装，体现了包装内容物的特点，也分别体现了包装针对的三类不同消费人群——摇滚青年、文艺青年、小资青年的喜好。
2、包装整体色彩和谐，视觉效果良好，能起到激发食欲的感觉，并给受众留下深刻印象。

图 1-19　趣猫咪系列包装设计

设计说明：

以动物头像与古代服饰相结合，色彩鲜艳亮丽，对儿童的吸引关注较高，与儿童时代的玩具相仿，为饮料的促销起到积极

作用。另外，其服饰具有节日喜庆的气氛，作为家里的摆设也未尝不可。

图 1-18　饮料包装设计 (6)

　　包装的视觉装潢设计主要通过文字、图案和色彩三大要素，对商品信息和货物信息进行准确的传递，从而有效引导商品进行储运和分类管理，便于消费者进行提货等。尤其在销售包装设计中，视觉装潢设计部分具有至关重要的作用，它关系到商品文化内涵的深浅，也关系到是否可以让消费者的物质需求和审美需求得以迅速提高和满足，甚至对准确传递商品的信息、美化商品也有着重要的辅助作用。因此，优秀的包装视觉装潢设计能有效吸引消费者的注意，起到加强商品的附加值、扩大商品市场竞争力和推广面的作用。

　　视觉装潢设计的主要特点在于其简洁明了，尤其在提倡绿色化包装设计的今天，商品包装如果装饰内容过多只会让不同的包装组成元素之间相互干扰，难以突出包装主题，从而影响其视觉冲击力，还很可能会造成消费者思维上的误区。因此根据视觉传达设计规律，在进行产品包装设计时，应该尽可能删除掉一些不必要的设计元素，强化包装视觉装潢中各个部分元素之间的组合效果，从中找出最有创造性和表现力的元素进行组合，实现最好的设计效果。

　　总的来说，包装设计不仅与艺术表现和技术工艺这两大领域有着密切的关系，还与其他各个相关学科有着不可或缺的关联，一套优秀的包装设计成品应当是包装的外观造型设计、包装的内部结构设计以及包装的视觉装潢设计三者的有机组合，只有这样，才能更好地发挥其无声促销员的作用。

四、包装设计的具体要求

现代商品包装设计讲究绿色环保以及可重复利用的属性，因此也是以保护环境和节约资源为核心概念的设计过程。在对商品包装设计进行选材、选择工艺方式时，就需要考虑到具体的要求。

（一）材料方面的要求

商品包装的材料主要包括基本材料和辅助材料两种类型。基本材料包括纸材、塑料、玻璃、金属、陶瓷、竹木以及其他复合材料等，辅助材料包括黏合剂、涂料、油墨等。材料的使用直接关系到包装的保护功能、使用功能、促销功能能否得以更好地实现，也关系到包装的整体功能、经济成本、加工方式以及废弃物如何处理等多个方面。

因此，在对商品包装的材料进行选择时，应该考虑到以下几个方面：

（1）尽量选择轻量化、易分离和高性能的包装材料。

（2）多选择可以回收利用或可再生的包装材料。

（3）考虑选择可食用的包装材料。

（4）多选择可降解的包装材料。

（5）多选择可循环利用的天然生态型包装材料。

（6）多选择纸包装材料。

（二）外形设计上的要求

商品包装的外形设计是包装设计中的一个重要部分，外形设计元素包括包装的各个展示面设计，如各展示面的大小、形状等。一个合理的包装外形设计，应该要以可以节省包装材料、降低包装制作成本、符合环保的设计要求为主要要求。在考虑包装的外形设计元素时，可以以能节省大量原材料的几何体造型为主。在各种不同的结合体造型中，如果容积大小相当，则球体的表面积最小，而立方体的表面积比长方体表面积小。

在进行商品包装的外形设计时，也需要参考以下设计原则。

（1）根据商品自身的特质，应合理运用不同的形式美法则。

（2）可以根据市场需求，对商品包装进行准确的市场定位从而打造品牌独特的个性。

（3）包装的外形设计应该以"轻、薄、短、小"为特点，避免过度包装和奢靡夸大的包装设计。

（4）需要充分考虑人机工程学原理和保护环境的需求。

（5）可以积极采用新的技术工艺、新材料来进行商品包装的外形设计。

（三）技术元素方面的要求

技术元素主要是指进行商品包装设计时所需要用到的设备、技术工艺等。在现代商品包装设计中，应当充分考虑绿色包装设计的技术手段，也就是减少环境污染，降低能源损耗，能有效治理污染或者改善生态环境的技术体系。

在商品包装设计中，主要的技术元素运用要点如下：

（1）进行商品包装设计时，所用到的加工设备和各种使用的能源都需要有益于环保，同时不能在生产中产生对环境有损的气体、液体、光热和味道等。在包装设计的生产过程中，应该使用对环境产生低耗能的设备，在加工中避免有毒、有害物质的产生。

（2）可以加强对于可拆卸式包装设计的应用研究，让消费者能按照设计说明来进行包装的拆卸。

（3）加强一些绿色油墨和绿色助剂的应用开发。

五、现代包装设计新理念

目前，包装设计已经逐渐突破了过去狭义的概念，变得更加宽泛，并慢慢打破了艺术和生活、艺术和科学之间的边界，形成了包装设计创新发展的新理念。这些理念主要体现在现代包装设计的不同发展方向中。

（一）合理化的包装设计

合理化的包装设计理念最早是由日本包装设计界提出的。20 世纪 70 年代，日本提出了"包装设计七原则"，他们认为一个成功的商品包装，应该符合包装商品自身的价值，符合消费者的需求，同时能满足不同场合使用的需要，而不是用材用料越高级昂贵越优秀。如果一件商品包装在其外部装饰上花费过多的人力、财力，造成包装视觉效果上的过分包装、夸大包装以及欺骗包装，这样的后果只能是加大消费者的负担，引起他们对包装商品的反感。因此，合理化的包装设计应该满足以下七点要求：

（1）符合内容物的保护功能以及品质要求。

（2）能保证包装材料和容器的结构安全。

（3）容器的容量应适当，且不同的单位容量应满足消费者的需要量。

（4）内容物的文字表述和说明文字应该实事求是。

（5）产品以外的容积空间不宜过大，一般为 20% 以下。

（6）包装的设计制作费用应与产品自身的价值相当，约为产品售价的 15% 以下。

（7）包装应满足节约资源和废弃物处理方便的原则。

（二）系统化的包装设计

商品包装设计应符合系统化的设计原则，主要是指在进行包装设计时，应该把所有需要处理的对象看作一个系统，然后按照系统的设计方式或方法对商品包装进行研究处理，既要能看到其中组成部分之间的相互关联和作用，又要能看到组成部分与环境之间的相互作用，并从整体的角度对包装系统中所涉及的一些人文社会信息加以协调和综合处理。也就是按照系统论的方式，对其设计思想、观念进行科学的观察、分析并管理、协调好所有要处理的对象。

系统化的设计体系在包装设计中的应用，可以主要从以下两个方面进行整理分析：一方面是从设计本身上来考虑的，也可以被称为狭义的理解，即在包装的设计创意中，应该对包装设计的性质进行充分考虑的同时兼顾包装设计的精神因素，要充分表现现代社会经济下人们对于商品包装的设计要求，让设计具有科技性、艺术性和人文性。另一方面从包装设计的策划阶段、创意阶段再到设计制作以及包装废弃物的丢弃阶段，整个环节设计师都应该对其有个系统而又全面的考虑。也就是说包装设计应该在产品进行研发的阶段，就要考虑其包装的具体设计问题。

产品的开发和包装的设计都需要从以下几个环节一一进行研究考虑：

首先需要根据市场需求来确定目标市场的要求和数量；其次要进行商品的设计定位和市场研发；接着需要设计师开始着手包装设计，定稿以后进入市场投放和生产阶段，根据商品的包装工艺对商品进行合理化包装，再将产品包装投放到市场进行销售；最后搜集市场和消费者的相关信息反馈，得出总结分析。系统化包装设计需要在系列化包装设计中，对产品形象的统一性进行强调，使人们的设计思路由以前侧重于艺术设计表现向视觉信息传达等方面来进行表现。

在当前的市场经济环境下，商品和包装的总体市场定位、工艺生产方式、成本预算、材料选择、造型结构设计和视觉装潢设计、废弃物的回收处理等方面都需要进行系统化设计，才能更好地适应时代的发展。

（三）绿色化的包装设计

绿色化的包装设计也可以称为可回收的包装设计，主要是体现了人们对于由科技文化引发的环境破坏的反思，因此也让设计师的道德和社会责任感得以回归。绿色化包装设计的目的主要是为了系统地探讨人类产业的循序发展以及其与社会文明进程之间的关联，使其能更好地避免社会经济发展与生态环境破坏之间的冲突。因此，容易造成自然资源大批量缺失或者造成环境污染、视觉污染的商品包装设计，在现代社会是不能为众人所接受的。绿色化包装设计注重人与自然之间生态平衡的关系，这不仅是对于包装设计技术层面上的探索，更是包装设计观念上的变革。

基于绿色化的包装设计理念，在进行包装设计时应该对产品的零部件设计以及包装材料的回收问题进行充分考虑，实现包装的零部件和其他制作材料的回收再利用。这样的设计方式才能符合绿色化包装设计中所提倡的 3R1D 设计准则，即 Reduce，减少包装材料的损耗；Reuse，包装材料可以进行重复利用；Recycle，包装材料可以回收再利用；Degradable，包装材料具有可降解性。3R1D 设计准则的运用，主要目的就是希望通过绿色化的设计形式实现节约能源和包装材料的目的，减少废弃物对于环境的污染，同时让产品包装或容器能得以重复使用，形成产品设计和包装使用的良性循环。

以绿色化包装设计原则对设计师的包装设计进行指导时，一方面要尽量避免在商品包装中使用大量原材料，或者多选择一些容易被回收利用的原材料来进行设计，从而减少对于包装材料的损耗浪费，更大限度地增加商品使用过的废弃物使用的次数；另一方面就是要尽可能让商品包装设计降低能源的消耗，并使其功能齐全，实现减少环境污染和能源消耗的目的。

因为大多数商品的包装基本上都是仅供一次性使用的，这样不仅会造成能源的巨大损耗，而且常常容易导致环境被污染。因此，在现代社会中，面临着生产资源不断枯竭，各种材料的不可再生现象日益严重，绿色化的包装设计准则日益被各国各个企业所重视，尤其是经济发达国家更为提倡这一环保、绿色的设计要求。

当然绿色化包装设计原则在观念上与鼓励消费、刺激销售和一次性消费的设计原则相违背，但是从人类发展的长远眼光来看，这种设计观念将会是一种长久的设计准则和追求目标。

（四）人性化的包装设计

人性化的包装设计主要是指能合理体现和满足人性需求的设计形式，这种形式不是单纯指物质方面，还包括精神和心理上的需求。

商品包装设计是为人的需要服务的，因此在设计时，需要对包装产品和人之间的关系进行全面考虑。很多时候，消费者在进行产品购买时，虽然不是以购买其包装为主要目的，但是在考虑商品的实用功能时，外在的包装是否符合自己的审美喜好也是他们衡量购买的重要标准。因此，包装的设计关系到消费者个人风格的喜好，而满足人性化需求的包装设计就愈加流行。在进行人性化包装设计时，应该要综合考虑商品的物质使用性和对人性的精神心理的满足性。一方面，商品的包装设计在功能上应该是安全可靠的，也能方便人们进行操作使用；另一方面，商品包装应该要能满足人们的心理需求和审美认知，这主要是指包装要从产品的保护性上来进行，让商品包装同时也能成为人们精神审美的产物。

在人性化的包装设计理念中，设计师需要解决的一个重大难题就是随着数字化技术的不断发展，对于人性化和数字技术之间存在的矛盾愈加激烈。这主要源于数字化技术的发展趋势，已经超越了过去人们对于人与产品之间关系的认知，并已经开始向时间、空间、心理和生理的方向发展，尤其是通过虚拟现实技术、互联网等手段以多样化的数字化技术形式不断扩展。在这种发展趋势下，包装设计在数字化表征下的形态也开始对传统的图形、文字、色彩等设计要素有了更为深刻和全面的认知，在设计时，经常需要将复杂的问题简化或者将简单的问题复杂化。

人性化的包装设计还应该从全方面来满足人们购买时的自身目的需要，塑造以人性为中心、人的需求为目标的设计，在这样的设计定位下，才能使得包装设计具有新鲜久远的生命活力。

（五）概念性的包装设计

概念性的包装设计主要是指当商品包装以概念设计的形式出现时，主要是为未来包装改革和发展的需要做准备，而不是一味地追求怪异和新奇性。因此，其内部结构设计不需要像装置艺术一样仅仅为了结构形态而出现，而是更多地考虑为保护产品、为消费者使用方便而做准备。另外，包装材料的使用也有其特殊的要求，选择材料时并不像绿色性包装设计一样只是以环保简洁性为目的，更多的是要传递一种文化特征，因此概念性包装设计的形态设计并不一定会像结构设计要求的那么严格，它更多的是借助包装形态进行情感的抒发。概念性包装还需要有开拓前卫的精神，应该要引领新材料的开发使用，同时也要能适应商品使用的需求，能为消费者的审美观念提供一种满足感，并在设计领域实现发挥创造功效的作用。

包装设计的主题是概念性包装设计首先要提出的设计要点，然后围绕这个概念设计的主题，提出概念性包装设计的方案策划，突出包装设计主题的内涵，进而表现包装设计主题的形态构成。

概念性包装设计所提出的主题主要是要在以往的包装设计观念上做出突破，提出新的设计方案思路，这种设计思路应该是能在出人意料的同时又在人们的情理之中的。包装设计概念的提出也将主导设计的发展方向，这是包装设计的核心。在进行概念性包装设计时，应该先要进行同类产品的调查分析，然后对商品的时空概念、性能概念以及形态概念进行分析，再从抽象定义概念、节庆方案概念、生态保护概念等多方面进行创造性思维的引导，从而让设计目标更具有广度和深度，并赋予其深层次的文化内涵、多样化的艺术表现形式和丰富的技术工艺手段进行表现。

商品的时空概念主要是指商品的历史、涉及的传统文化概念、包容的地域文化概念以及所在地域的时代人物概念、宇宙星空概念，或者季节变化概念和时间概念等。

商品的性能概念主要是指商品所使用的材料概念、内在结构概念、产品防护功能概念、商品储运概念和具体使用方式概念等。

商品的形态概念主要是指包装的外观造型概念、包装所使用的色彩概念、整体形态装饰概念和商品销售展示概念等。

抽象定义概念主要是指商品包装的客观状态概念、商品的思维情感概念等。

节庆方案概念主要是指传统节日概念、节庆活动主题概念、节日信息发布概念等。

生态保护概念主要是指产品环保理念、产品健康理念、节约能源理念等。

总的来说，概念性包装设计存在的主要价值在于对设计发展的市场前沿性进行有效的把控和操纵能力，有利于商品对于消费的引导，便于消费者更青睐于商品以及改变原来商品的食用方式，并把人们生活和社会性的意义作为其最大的选题，这也是设计师的重大责任。

六、包装设计的发展历史

包装艺术发展历史优秀，人类生存过程中日益激烈的商品竞争是包装设计萌芽的发展契机。最开始，包装设计的出现主要是满足人类对于收纳资料和转移生活用品的需要，如对食品和饮用水容器的盛装、分发和食用。人类最早的包装设计是跟随工具的制造使用和进步发展起来的，因此实用性是包装设计发展的主导。在经过漫长的实践使用后，人们逐渐掌握了不同的设计形式美法则，并灵活运用到各种不同的设计活动中，才有了各种兼具实用性和审美性的包装设计作品。这些作品不仅代表了人类希望征服自然的强烈愿望，也从侧面反映了先民们对于自我生存、繁衍和发展的生活方式。

（一）原始包装形态

在远古时期恶劣的生存环境中，人类的祖先在长期和大自然的斗争中为了维系自身的生存，开始学着用树叶和兽皮遮盖身体，并用植物的茎叶来包裹捆扎食物。到了新石器时期，原始农业的不断发展，加上人们生活定居的需要，人们开始在生产劳动中学着用植物的树叶、果壳和兽皮、贝壳等形态的物品盛装日常用品和食物，这也是人类历史中最早出现的包装形态。这些原始的、没有经过任何加工的动植物形态，虽然并没有今天现代包装中所涵盖的相关文字信息，但是从包装的定义概念来看，这些就是包装设计的萌芽形态。

（二）古代包装

古代包装是自人类原始社会后期开始，到奴隶社会、封建社会这一漫长的历史过程中。人类开始灵活运用多种不同材料来作为商品的生产和生活工具，其中也包括包装容器的制作。在今天的包装设计概念中，容器并不能被当作真正意义上的包装，只能说它具备了商品包装的基本功能，比如，可以用来保护需要储存的商品，能够方便消费者使用，便于消费者进行携带等。而且，从容器发展的历史来看，其历史非常悠久，且对包装的设计发展也能起到良好的促进作用。

（1）朴拙美的容器时代。

① 陶器。

我国的陶器最早溯源于旧石器时期，到新石器时期时制陶技艺已经发展到了很高超的水平，这时人们学会在陶器上运用天然的锰化物和赤铁颜料绘制装饰纹样，再将其烧制成精美的彩陶制品。彩陶根据其装饰纹样类型来划分，可以分为植物纹、动物纹、山水纹等，当然也有一些抽象的几何纹样和人物纹样运用其中。从彩陶纹样的装饰手法来看，整体图案的造型显得十分简洁大方，极具韵律美感，线条绘制得刚健流畅，装饰性很强，从这些纹样中可以看出远古时期人类对于生活用品的造型语言的运用以及对于形式美感的探索。

② 青铜器。

青铜器的使用早在殷商时期就已经非常普遍了，常被当时的奴隶主和官场贵人用来当作满足其奢华生活享受的各种用品，而对于普通的老百姓而言，青铜器则是享用不起的贵重物品。从青铜器的造型形式来看，其类型丰富多样，主要可以分为烹饪器、酒器、食器、水器等。青铜器多变的造型显示了古代民众对于容器制作工艺的熟练掌握和对于形式美法则的活用。例如三足鼎的造型，具有强烈的稳定感；觚的造型修长且具有节奏感，整体看上去就如一朵待开的花朵。在青铜器的装饰设计中，除了平面纹样的装饰之外，还有许多立体的雕塑装饰类型，比如将盖子部分的纽制作成鸟的形态，或者将盖子做成双角兽形的形态等，这些形式让青铜器的造型更加丰富多变。

③ 漆器。

漆在我国作为一种涂料最早始于4000多年前的虞夏时期，但是实际的考古发现中，距今7000多年前的浙江余姚河姆渡遗址就出土了一些木胎漆碗和漆筒，在西商一些墓葬中也出土了一些漆器的残片，这些漆器都是以朱红作为底色、黑漆描绘花纹、上下交错的形式构成各种精美的图案，这也表明，在商周时期，我国的漆器工艺已经达到了很高的水平。在我国历代的绘画作品中，也可以常常看到各种漆器的出现，如化妆盒和食品盒等。

④ 瓷器。

瓷器是中国传统文化中至关重要的一项创造，作为一种容器类型，其应用面的广泛和历史的悠久性，以及对社会的影响力之深，都是其他容器类型所不能与之相比的。严格意义上来说，瓷器的历史起源于东汉时期，但是也经历了由陶器向瓷器演变的过程，这个过程从战国时期开始到东汉时期终止，战国时期是半瓷质陶器的过渡时期，直到东汉时期，瓷器才趋向于今天我们看到的形态，瓷质较为纯正，瓷胎细腻，釉色光亮，瓷釉和瓷胎的结合日益完美。而中国的瓷器历史可以划分为青瓷、白瓷、彩瓷三个时期。今天来看，瓷器除了作为日用品和工艺品以外，还常被用来作为具有民族特色的一种商品包装形式，如白酒、中药的包装等。

这些形式的器皿常以陶瓷作为主要材料以外，也有很多金银器、玉器、琉璃和木器等，都被当作容器使用。

（2）形式和功能的完美结合时期。

中国古代的劳动人们在常年的生产生活过程中，合理运用自己的智慧，因地制宜，从自身所处的自然环境中发掘了许多天然的材料，如木头、竹藤、草叶等，并用于包装设计中。

最为经典且沿用至今的就是端午节粽子的包装形式。粽子的包装相传起源于战国时期，人们为了纪念伟大的爱国主义诗人屈原，发明了这种具有独特风味的食品——粽子。粽子采用清香的糯米，包裹着苇叶，形状呈三角形的形式，外面用苇叶的经脉进行捆扎，造型别致，味道鲜美，而且也是造型与功能完美结合的包装典范。因此，这种形式从古流传至今，仍然受到广大劳动群众的喜爱。由此可见，一件优秀的包装设计作品所呈现的旺盛生命力。

另外一个经典的形态就是葫芦的造型，因为葫芦的外壳较厚，坚硬度和保护性较好，能为内容物起到良好的防腐、防潮效果。因此，在古代，人们常常用葫芦盛装药酒。在葫芦的腰部扎上彩带，也能方便随身携带。虽然现在葫芦的材质已经很少再被当作包装材料进行使用了，但是其独具一格的造型仍然经常被用在产品包装设计中。

竹材、藤材等也经常被作为天然的包装材料运用在商品包装中。最早运用这些材料的时期甚至早于陶器，但是由于这些天然材料容易腐蚀，因此很难作为实物进行保存。20 世纪五六十年代，在浙江吴兴的新石器时期遗址发掘中，曾出土了许多竹编形式的古物，这主要由于太湖周边雨水丰富，适合竹子的生长，因此，该区域也是我国主要的竹编生产区。在该地区发掘出的 200 多件文物中，有很多竹子编织的品种，如竹席、农具、篓、篮等。这一时期的竹编多采用刨光加工过的篾条编织成人字纹、菱格纹或者十字纹等花纹，这也说明很早以前人们就关注到包装的实用性和美观性相结合的形式运用了。

除了这些材料以外，麻布、木材、皮革等材料也常被用来作为包装的主要材料。作为丝绸生产大国，苏杭一带丝绸生产总量巨大，因此丝绸也常被用于当作包装材料，制作成各种锦袋、锦盒等。

当然，除了通过对于天然材料属性的掌握，再将其科学而又合理地运用到商品包装设计之中以外，材料运用的合理性、工艺运用的巧妙性以及容器造型装饰的优美性都是古人对于包装设计形式及功能统一的充分展现，因此对于今天设计师的包装设计制作仍然能起到很好的促进作用和启发作用。

（3）以包装促进产品销售的时代。

自距今五六千年前的原始社会开始，我国就已经出现了最早的商业活动。在生产力发展到较高水平、人类有了社会分工和剩余商品以后，就顺其自然地产生了商业活动。

商业的不断发展带来了商品之间的竞争，商人们为了自己的产品得以更好地推广销售，开始从品牌信誉度的搭建着手，设计商标、开发产品包装等。最早的商标发掘于1964年在陕西咸阳等地出土的西汉铁器，上面刻有"川"字图案，"川"指的是今天河南登封一带，过去称为颍川、群阳城。另外，在北京大葆台出土的铁斧等文物，上面刻有"渔"字纹样，"渔"指的就是今天京郊的密云区，即过去的渔阳郡。商品竞争发展到了战国时期，就有了"买椟还珠"故事的衍生。根据《韩非子》中的记载，这个故事讲的是一个不识货的郑国人看到大街上贩卖珍珠的商贩，其装着珍珠的盒子十分好看，于是以高价买走了这个装珍珠的盒子，而把价值连城的珍珠退还给商贩。从这个故事也可以看出在这个时期，商品包装已经广为流行，同时商人们也开始对包装加以重视起来，充分说明了这时商品包装对于消费者购买力的影响。

从国外包装的发展历程来看，最早欧洲的商业文明是起源于地中海沿线的。海上运输业的发达促进了商品经济的发展。在公元前13世纪左右，玻璃容器及其制作方式从埃及流传到了欧洲大陆。这时期欧洲大陆和北非的各种包装器皿上开始印上了最早的商品标签。而在一些盛装葡萄酒的酒壶和酒罐上，也开始贴上各种说明文字的内容标贴。同时，一些具有说明性的标记也被刻写在一些纪念雕刻或者手工制品上，这表明这一时期的生产者开始具有品牌意识了。商业的发展也让许多商业宣传手段不断出现，到了古罗马时期的庞贝城遗址中，常可以看到源于许多酒馆的招牌上会挂上木枝的习惯发展而来的包装设计，这些都从侧面反映了商业发展对于商品推广的促进作用。

（4）印刷术和造纸术流行的时代。

造纸术的出现让商品包装得以更为迅速的发展，作为我国的四大发明之一，纸张的出现让以往造价高昂的绢、锦等包装材料逐渐被取代。因此，纸张作为原材料被运用到各种食品、药品、化妆品、纺织品等商品包装设计中。同时，人们对于纸张的制作也在不断加以改善，如为常见的白色纸张添加染料，制作成喜庆的大红色纸张，或者上蜡做成可以防油防潮的包装纸等。

正是由于纸张的出现促进了印刷术的诞生和发展，到了宋代，雕版印刷成为当下流行的纸张印刷形式，我国很多地方都有了大规模的纸张刻印中心，六量的书籍典故在这一时期印制出版。同时，印刷术也被大量运用到包装设计中，如在包装纸上刻印上商号、商家宣传语或者其他吉祥纹样等。但是因为纸张不耐腐，保存不易，因此迄今为止，我国发现的保存完好的雕版印刷包装制品是北宋时期山东济南刘家功夫针铺包纸，该包装约为四寸见方，中间刻有小白兔的商标符号，在上面写着"人门前兔儿为记"，下面则写有广告语称"收买上等钢条，造功夫细针，不误宅院使用，客转与贩，别有加饶"。这种图文并茂的形式，构成了我国最早的集包装纸、广告、标志等多位一体的商品包装形式，且具备了现代包装应该有的基本功能以及促销的功能。

现代包装技术在19世纪初期得到了迅速的发展，这一时期的包装印刷以及品牌宣传的要求都写得很清楚，在各种容器上，如玻璃瓶、陶瓷罐、金属罐、纸盒等上面都在外观标签上突出了包装的品牌形象，希望以此引起人们的注意，达到传递商业意图和提高产品附加价值的目的。因为商品包装在印刷上提供了丰富的表达性，使得商品的信息传达变得更加直接，更为自由。包装上各种信息的传达使之前通过促销人员对于商品知识的掌握推销被取缔，也让商品零售业变得更为普及。

（三）近现代包装设计

（1）近代包装设计。

人类社会科技的进步，尤其是在欧洲工业革命之后，商业的流通得到了较大发展，交通工具得到了飞速发展，远洋轮船运输、铁路交通运输以及后来的公路运输、航空运输等，让商品流通的范围不断扩大。基于这个前提，商品包装产业发展成为商品流通中的必要元素，商品销售的方式也发生了巨大变化。爱默生在1860年撰写的《生活指南》中就提到，在这个时期，商人们已经开始注意到运输过程中，容易发生货物破损问题，因此保障商品的运输安全成为包装的一项重要功能。

工业革命之后，随着机器化大生产对于传统手工生产的取缔，以各种机械制作包装成为近代包装更加标准化和规范化的应用方式，许多国家还相继制定了各种包装工业设计标准，从而方便商品包装在各个生产流通环节进行操作。到今天，包装产业逐渐变成了集包装材料、包装制作机械、包装生产和设计为一体的生产产业。

包装产业化发展带来的一个巨大变化就是包装材料的日益丰富，这也是包装形态随着市场竞争不断变化的历史过程。包装材料主要包括金属、玻璃、塑料和其他纸材等等，形态丰富多样。

① 金属材料。

金属材料的应用是随着金属业的发展而不断被开发的。金属材料在包装中主要以金属罐的形式出现，在制造业和食品行业中经常被使用，这种存储商品的方式在19世纪开始快速发展起来。最早用金属罐储存食品是1810年由杜兰德发明的，这时金属罐并没有马上被普及，主要是因为生产工艺和制作成本上受到了限制。直到美国内战时期，人们为了储存足够的食物来适应军队的巨大需求以及防备战乱的需要，金属罐装食品才得到了广泛的使用。

随着制作工艺的不断进步，金属材料也被广泛应用到其他物品包装中，如1841年，美国肖像画家佩洛罗德就用金属管制作了颜料包装，这种工艺方式后来被大量普及应用。1892年，出现了被消费者广泛接受的金属软管牙膏，这是由"高露洁"创造的。1868年，随着彩色印铁技术的发明，金属材料的包装形态得到了进一步的发展。尤其是石版印刷术诞生以后，印铁技术更是有了显著进步。英国在1870年建立了最早的金属罐生产企业，开始进行金属罐的批量化生产。而金属包装技术上出现的又一次飞跃是铝制包装材料的出现。这种材料的柔韧性好，重量很轻，具有良好的光泽度。到了20世纪30年代，很多日用品和食品包装都开始采用铝材料作为主要包装材料，如牙膏、胶水、鞋油、炼乳等。

最早的易拉罐诞生于1963年，因为使用时的方便快捷以及生产成本上的经济性使得大量的啤酒和饮料都以此作为主要包装材料。1943年美国的沙利文取得了空气喷雾罐的设计专利，该喷雾罐的设计结合了力学和物理学的原理，让人们的生活得到了极大的便利。另外，随着制作工艺技术的不断进步，金属包装形式在包装外型设计上更加丰富多彩，应用领域的范围也在不断扩大。

②纸质材料。

在19世纪初期，厂家包装开始问世，这是一种为了避免商品流通中发生品牌信誉危机而出现的包装形式，主要是一些商家在包装上印上了一些产品的品牌名称和厂家地址。可以说厂家对商品进行直接包装是一场商业革命，它成为现代商业开场的序曲。由于在商品的流通过程中，厂家和消费者之间处于直接接触的关系，避免了买卖双方的摩擦。因此，随着杂货店日益成为主要的商品销售点，纸盒的需求量迅速增长，用纸盒代替包装纸，主要是降低纸盒的成本，并保障足够的商品包装产量。这时人们开始意识到，通过一张卡纸的剪裁和折叠可以做成一个完整的包装盒，这种包装生产模式既方便快捷又能在折叠成型前进行平铺而减少空间的浪费。因此，纸材料包装的重要作用是由商业发展的总体趋势所决定的，尤其是在卷烟业成为重要产业之后，纸材料的地位更加重要了。

纸盒的包装制作成本较低，制作工艺较为简单，同时，纸包装材料上还可以印制上各种精美的图案，起到良好的宣传效果。后来随着瓦楞纸的出现，也让纸包装材料被应用到运输的外包装设计中。在纸材料包装发展的过程中，人们克服了纸包装材料防潮性、防油性差的特点，根据不同商品需要设计出适合其特性的特种纸张。

纸板的包装形式成型方便，形态上则可以随着市场的需求而做出相应的变化。如在包装上可以采用开天窗的形式，或者设计成手提式的造型、翻盖式纸盒形态包装等。随着商品售卖方式的不断变革，纸包装的形式也随之发生了很大的改变，一些更适合于超市零售售卖的快餐包装、POP包装以及个性化的专卖店包装陆续出现。

③玻璃材料。

玻璃材料最早起源于埃及，公元前16世纪，古埃及人就以石英石为原材料，发明了用热压法制作玻璃容器的方式。到了公元前1世纪，罗马人开始用吹制法来制作玻璃容器，并开创了"浮雕玻璃"制作工艺。汉代时，这种吹制技艺由罗马传入我国。到了明朝，我国已经可以生产出大量各种不同造型的玻璃容器。1809年，用玻璃容器保存食品的方法出现了，一直到19世纪后期，在各个商店和杂货店中都有很多使用玻璃瓶来进行包装商品的形式。而玻璃瓶作为酒包装来盛装葡萄酒更是有很长的历史。1903年，由欧文斯研发的全自动玻璃制作机械，让啤酒瓶制作实现了大规模的批量化生产。进入 20 世纪以后，随着新技术的不断出现，更为精致美观的玻璃容器造型陆续在酒包装、化妆品包装以及食品包装中出现，并增加了更多表现的形式，如采用浮雕工艺、喷砂工艺、彩绘工艺等。

④ 复合材料。

复合材料是指综合塑料共混物、塑料合金以及无机材料等进行组合填充的材料类型。20 世纪以来，通过在基础研究和应用研究两个层面的努力，复合材料的生产和加工工艺也得到了进一步的提高和改善，产品的性能也不断得到改进，从而形成系列化的表现，从功能上来说也将使材料的综合表现得到更大的进展。进入 21 世纪以后，为了实现经济发展的需求、人们生活要求和市场需要，同时也是为了实现环保主题的要求，各个国家一方面希望通过加强开发研究选择适合环境需求的复合型塑料材料技术，另一方面也希望通过加强研究提出包装废弃物的综合管理对策和措施。从技术上来看，这些举措都为塑料工业的顺利开展提供了保障，也展示了塑料包装的未来前景。

（2）现代包装设计萌芽。

工业革命的开展引起了社会生产、人民生活方式以及社会思想理念的重大变革，18 世纪到 20 世纪是现代设计艺术发展的萌芽时期，在这个时期，数不胜数的各种发明创造深深影响了商品包装设计的发展。

以新的生产工具、制作材料、能源开发等手段进行新的设计，为商品包装设计奠定了物质基础和技术要领。在这个时期，包装设计的发展产生了如下变化：

第一，为了适应工业化大生产的要求，包装设计在其造型设计、装饰设计以及功能设计等方面，都需要达到标准化、规范化的要求，能实现机械化和批量化大生产的总体原则。

第二，对于新材料和新能源进行合理的把握和运用，要求对商品包装的新材料性能和特征有重新认识和把控的能力。

第三，设计与生产和销售环节脱离开来，成为一个独立的行业和职业。包装设计师需要在商品进行生产和制作之前，对其功能、造型、装饰、制作流程、材料运用方式以及市场整体定位等有一个全面而深入的了解，并能予以合理的发展趋势预见。可见，设计和制作的分工被明确化，设计师也能更好地对自己的设计意图进行表现，而生产制作者则以工人的身份，按照设计师的设计效果图，操纵相关的机器进行实践劳动。

第四，在工业革命的影响下，社会化大生产让商品包装设计理念有了革新，使其在可以保障商品功能的前提下，具有符合劳动大众的审美特性。因此，设计的阶段性更为明确化，设计内涵也更加具体化。过去手工制作时期那种繁复又矫饰的设计风格由于缺乏实用性而被人们所唾弃。这时，设计师开始从更为久远的东方设计艺术中探讨新的设计内容和设计形式，寻求功能与审美的统一性。

第五，总的来说，商品包装设计不仅要能适应工业革命带来的各种先进生产方式，还应当不断推动生产工艺向前发展，更重要的是它在不断影响和改变人们的生活方式和审美喜好。正是因为机器化大生产所带来的商品的迅速增长、商品种类的不断丰富，使得商品包装的市场竞争力大大提升了，这在新的包装设计思想体系中得以合理体现。

（3）现代主义包装设计发展时期。

现代主义包装设计时期是19世纪末期到二战结束之间。这个时期，主要是解决机械化大生产和产品装饰造型艺术之间的矛盾，而设计就成了协调机械化大生产和人们审美之间的重要调和剂。这时的包装设计师主要的焦点集中在以下几方面：由于功能主义的出现，包装设计的出发点和归宿又开始回归到保护商品和方便储运为主的形式上；另外对于新材料的运用也成为包装设计中为了避免环境污染和资源浪费而探讨的重要命题；从包装设计的风格设计来看，传统的民族风格和地域风格逐一被打破，开始向国际主义风格演变。

这一时期，商品包装的主要设计要求如下：

现代主义设计发展趋势和要求；

商品包装设计和社会的可持续发展相一致；

商品包装设计需要与全球经济一体化趋势相一致；

商品包装设计应该适应日新月异的包装材料技术发展趋势；

商品包装设计应该与人类精神多元化需求相一致。

在现代主义设计发展时期，包装设计的新材料和新工艺都有了新的突破，如1907年美国化学家列奥·贝伊克兰德发明了第一块合成塑料，而50年后具有可塑性的塑料作为包装出现了；1910年英美国家开始生产铝箔材料；1912年瑞士化学家开发了玻璃纸……这些新型材料的出现为包装设计行业带来了新的革命，如包裹糖果的透明玻璃纸，又被运用到烟盒和饼干盒上。

（四）后现代主义时期的包装设计

后现代主义时期包装设计的发展过程与现代设计的演变历程息息相关。因此也可以把它看作后现代设计中的一个重要组成部分。这一时期的包装设计不论是理论上还是在具体的实践设计中，都是走在这个时代前沿的，且用设计的主流思想和新的观念对其进行解析。

因受到后现代主义设计思想的影响，商品包装设计在风格上一改现代主义设计阶段那种简洁大方的风格，开始注重装饰性的表现，并运用鲜艳大胆的色彩和醒目的文字，从传统的文化元素中吸收各种素材进行创作设计，形成一种别具一格的风趣感和幽默性。因此，在后现代主义风格的包装设计中，设计并没有统一的风格，而是综合融入了装饰主义、历史主义、折中主义和隐喻主义设计等倾向。

（1）后现代主义时期包装设计的形式。

后现代主义时期包装设计的形式丰富多样，它不仅是基于设计层面，同时在设计发展层面也起到了极大的促进作用。但是形式内容的丰富多样性也造成商品包装在设计上呈现出凌乱又含糊不清的形态，也出现了不够和谐统一的特征。由于受到后现代主义多元化的共存美学观念影响，后现代主义对现代主义的"少即是多"的设计思想进行了批判，提出"少即是乏味"的设计理念。而包装设计也开始从有序向无序、整体向多元化、确定到不确定、清晰到模糊进行演变，变得更加富有人情味，更具个性化，同时也更注重传统性、装饰性和多元性。

后现代主义时期包装设计的方法具有多样的变化性，会经常选择变形、重组、挤压、重叠、添加等装饰手法来表现商品的文化内涵，商品具体的形象特征也通过其包装的设计风格、造型样式、图形类别、色彩运用、文字组合、材质表现等方面合理地反映出来。

① 包装设计风格。

后现代主义时期的包装设计风格多样变化，表现形式丰富，从最初的具有原始淳朴性的传统民族包装类型发展到较为前卫时尚的现代创意性包装形式，从风格质朴的传统包装类型到风格奢华甚至包装过度的设计形式等。即使是同一款品牌的白酒包装或茶叶包装，也可以通过设计师独特的设计理念将其设计成粗犷雄健或者柔美细腻两种完全不同的风格。另外，再加上各种包装都有大小、长短和宽窄的不同，人们在挑选的时候可以根据自己的喜好进行自由选择，基于此，使得包装的设计倾向变得不确定，不明晰。

② 包装的外型设计。

后现代主义时期，传统的包装外型设计方式和设计观念受到了极大的挑战和冲击。从常见的白酒包装设计中来看，在白酒包装的外形设计上，就出现了许多充满强烈个性化和多元化的表现方式，如全包裹形式、透明装形式、半遮半掩形式、简约大方形式、繁复琐碎形式、狭长形式、层叠多层形式、参差无序的形式，等等。

③ 包装内部结构设计。

后现代主义时期，商品包装内部结构设计也开始从清晰、综合性的表现向模糊、分解的形式转换。这也是对于依靠传统立体构筑法设计所形成的内部结构形式的解构，因此将包装的平面造型和立体形态进行结合，重新组构包装设计的各个部分，让商品包装更加自由松散、更具运动突变性，形成反常规的内部结构设计形式，给消费者以全新独特的视觉展示效果。

④ 包装色彩的运用。

后现代主义时期，对于商品包装色彩的运用，大多以低纯度倾向于自然的柔和色和高纯度的艳丽而又刺激的色彩重叠并行使用，有些是通过设计师脑海中异想天开的相互对立色彩来展示商品包装中生动活泼而又具有戏剧性的视觉效果。另外，也有的包装会通过不同材料的层叠运用和组合，再加上一些透明实物展示和肌理效果运用，让色彩产生变化，为包装设计增添了无限的乐趣。

如今，在现有的商品包装设计领域中，很多奇形怪状的包装设计形态和过度包装的形式层出不穷，这些包装设计的形态呈现出不确定性和模糊性，内部结构设计中出现相互矛盾性，材质应用和属性特征也出现了与整体包装设计丝毫没有任何关联的混合感。在这些包装的整体设计中，图形色彩文字搭配都显示出极度不协调的感觉，但是这些也与后现代主义时期追求标新立异的表现和新奇的光感效应相呼应，因而受到广大人民的喜爱和欢迎。通过这些商品包装，也让我们看到了后现代主义时期包装设计总体的设计方向，即热衷于大众通俗性的、地方性且居多层次性的情感表达，极力满足消费者的精神需求和心理愿望，也体现了这一时期包装设计的人文价值和美学价值。

（2）新技术和新材料的运用。

在后现代主义时期，对于包装材料的使用也表现出明显的丰富性、多样性特征，这主要体现在包装材料的原料种类多样、形态结构多变、质地肌理丰富，相互关系组合易产生对比。很多商品包装设计师还灵活运用各种不同的处理方式，如变形手法、镂空形式、相互组合等让材料的外观更丰富，赋予材料全新的视觉形象，并对材料设计的审美感受进行强调表现。

具有一定用途的商品包装，设计师对于其材料的选择应该从多个方面进行考虑，尽量扬长避短。

① 考虑包装、存储和运输中的环境要求和作业要求。

需要达到包装设计对于功能的要求，包装所使用的材料需要具备相对应的特性，防止内容物在运输中受到损伤，同时也要具备能抗拒气候和物理、化学等方面因素的变化和腐蚀。对于不同的商品，其包装的具体性能方面要求重点也不一样，设计的时候应该抓住关键设计要点。但是总的来说，这些主要性能包括承受压力的强度、抗外界冲击的强度、刚度、韧性以及抗静电性、稳定性、透明度、耐高温性、耐酸性、耐碱性、保香性等。

商品包装的内容如形态各不相同，主要与粉末状、液体状、固体形式以及黏稠体形式等，需要合理运用与内容物相对应的、可靠的盛装方式和密封方法，在此前提下，诞生了不同形态的包装容器，如包、袋、瓶、盒、箱、盘、软管等。制作这些容器的方法工艺区分较大，且其成型工艺对包装制品的材料也有不同的形态要求，所以在对包装材料进行选择时，应当充分了解包装材料的形态特征，掌握包装材料加工前后产生的性能变化，从而使包装容器能达到成型工艺的要求和商品流通的要求。

② 包装材料的卫生法规。

在包装产品的卫生法规政策中，明确表明应当从消费者的健康角度，对包装材料进行慎重选择，从而更好地保证消费者健康。因此，在药品包装上，经过美国食品和药品管理局所批准的可用材料只有 PE 和 PS，PVC 也可以使用，但仅限于特定的使用范围以内。同时，美国的 FDA（食品药品监督管理局）、BATD（烟酒枪械管理局）和 USDA（农业部）都对药品、烟酒、化妆品和肉禽等的包装材料安全性颁发了一系列的法规，其总的指导原则就是：包装容器材质中不能存在损害人体健康的因素；严格控制包装材料中含有的色素和其他物质转移到内容商品中，也不允许因包装的内部结构对内容物的品质、安全性和效用发生影响和改变。

③ 包装材料的印刷适应性。

几乎绝大多数的包装容器或者包装盒的外表都需要进行印刷装潢，需要灵活运用很多种不同的印刷工艺。因此，所选择的材料其表面性能和对于印刷的适应性非常重要。不同的容器和材料之间的适应性差别很大，例如在塑料薄膜上可广泛应用苯胺印刷进行制作，胶版印刷则适用于一些瓶瓶罐罐和软管包装的表面，丝网印刷可以印制各种硬性制品或者表面需要制作浮雕效果的包装，热烫印刷可以制作金银色等特殊色彩，等等。

（3）包装设计测试。

包装设计测试主要目的在于提高货物包装的安全可靠性，使其达到预期的设计效果。对于包装的设计测试主要集中在以下几个方面：针对运输包装的测试、箱体结构的测试、包装纸张的测试、环境保护的测试等。国际上也有许多管理机构对包装的设计测试制定了相应的法规标准，如在运输包装的测试中，主要会对该包装如何保障产品安全抵达目的地进行测试。事实上，包装的运输、配送和废弃物处理是一个非常复杂而又庞大的过程，在实验室中进行相应的模拟测是对包装的保护功能在实际使用的环境中表现的评估，这种评估方式既简单快捷又低廉有效。通过测试的包装，基本都能达到各个国家对于包装稳定性、环保性和循环使用性等方面的要求。

总之，包装设计应该在满足商品基本使用功能的前提下尽量做到科学化、合理化，即能进行减量化设计、废弃物易回收、重复循环使用。在此前提下，应该尽量选择适宜生态的包装材料，以便于保护环境和再生处理，并且要能节约资源，这两个方面是相互联系、不可分割的。从技术工艺的角度来看，从环境的保护和可再生的需求考虑，以绿色包装设计的形式，即用天然植物和相关矿物质作为原材料生产的，对生态环境和人体健康有益，且便于回收利用，可降解和可持续发展的环保型包装形式是符合现代社会发展方向的。

七、现代包装设计种类

现代商品种类丰富，造型形态百变，且包装的主要功能和作用、外观设计也都大不相同。因此为了区分不同商品的包装设计，可以将其划分为以下不同的类型。

（一）根据商品内容物性质来划分

可以分为日用品、食品、化妆品、烟酒、医药用品、文体用品、工艺艺术品、家电五金、儿童玩具、土特产以及纺织品等。

（二）根据包装的内部结构来划分

可以分为手提式、开窗式、折叠式、抽屉式、吊挂式、展开式、扎结式等类型。

（三）根据包装的材料性质来划分

可以分为纸材料包装、玻璃材料包装、金属材料包装、木质材料包装、陶瓷材料包装、棉麻材料包装、塑料材料包装、布材料包装等。

（四）根据包装的样式来划分

可以分为销售包装和运输包装。销售包装也就是我们常说的商业包装，包括内销包装、外销包装、礼品包装、系列包装等。销售包装是直接和消费者对接的包装形态，因此在设计时应该对商品进行准确的定位，力求符合商品的目标消费对象需求，且设计风格应简洁大方、实用又具商业性。运输包装是以商品的存储和运输为主要目的的包装，在厂家进行分销商商品运输时，运输包装是其产品搬运和流通的主要工具，在设计时，需要标注产品的数量、发货和到货日期等说明文字。

（五）按照包装体量的不同进行划分

（1）小包装。

这是个体包装后的内包装形式，也是和产品亲密接触的包装类型，也是产品向市场进军的最内部的保护层。小包装一般是直接呈现给消费者的视觉展示，大多陈列在商场或超市等卖场的展示货架上。设计的时候应该以消费者的心理需求为主导，合理体现商品特性。

（2）中包装。

中包装是指为了加强商品的保护性，便于对商品进行计数统计而组装的商品包装形式。如一箱啤酒或一条香烟的外部盒装。

（3）大包装。

大包装也被称为运输包装。其主要作用是可以增加商品流通过程中的安全性，而且方便商品的计数和装卸。大包装的设计比小包装、中包装的设计相对要简单很多。在设计时，主要可以标明商品的规格、型号、数量、颜色和生产日期等，还可以再加上一些警示标语和符号，如小心轻放、防火防潮、有毒气体、堆压极限等。

（六）根据视觉效果的不同进行划分

（1）传统包装。

传统包装设计的设计理念中融入了传统视觉设计符号，形成设计师独具特色的创意表现思路。它将传统的地域文化特色导入视觉传达设计中，因此从其设计风格来看，具有纯朴自然的独特性，而在其文化内涵的表现上也蕴含了浓郁的文化性，其情感的表现则贴合了人们对于返璞归真的生活愿景。传统包装设计的设计语义就是对商品地域性、民族性和时空性的准确传达，同时也从材料、造型、装潢等方面对包装的文化美感集中进行体现。总的来说，传统包装具有以下几个特点：

首先，传统包装通过视觉图案形式，让消费者能感受到商品鲜明的地域特色和民族特色。其次，传统包装以借用传统图形和运用传统色彩的方式为主要特征，而这些图形和色彩都是各民族文化理念独到的表现。在设计时，这些图案和色彩被当作传统的视觉符号创新性地运用在包装视觉传达表现中，具有极为丰富的文化内涵和吉祥寓意，并升华为一种传统审美情趣。最后，传统包装的设计材料大多采用天然的或具有地方特色的自然材料。这些材料经常只用简单的加工方式就应用到包装设计之上，在视觉效果上具有较为直观的感官体验，同时也反映了不同地域的文化属性和自然属性。

传统包装设计中也遵循着形式美的设计规律，在此基础上，大大提高了商品包装设计的审美意境和品位。作为立足于传统文化之上的"现代"设计产品，现代包装设计并不是对于传统包装形式的照抄和延续，但是它却是因"传统"而传承过来的表现形式，因此，为传统的包装设计赋予现代元素，对其进行创新再造，是让其换发蓬勃生命力和新意境的一种继承方式。

（2）系列包装。

系列包装也可以成为"家族包装"。主要是指企业根据同一种类不同品种或不同口味的商品采用统一而又有变化的形式来进行包装设计。与之前的包装设计相对应的是以单个商品作为表现对象"单体式包装"。系列包装中保持不变的共同元素是商标，正是因为在同一个商标的规范之下，系列包装以家族式的集群方式进行展现，其最后的效果是直接呈现视觉的强化感受。

设计师在进行系列化包装的设计时，需要对产品的特征进行整体的把握，并抓住系列包装中形成系列化的关键性表现元素进行综合分析表现。这种表现手法主要有以下两种形式：

一是采用相同的图形、色彩和文字，对包装的造型和规格进行变化。这种形式下的设计重点主要是图形、文字、色彩，选用时应注意使其适用于不同的包装尺寸。

二是选择相同的图形、包装造型和文字，对包装的色彩加以变化，因此在这种设计方式中，色彩的选择是关键，在选用色彩的时候应同时考虑到色彩之间相互的协调性和与包装主体之间的统一性。

（3）礼品包装。

自古以来，人类都将崇尚礼仪作为必备的品质，在此基础上，自然而然地形成了今天的礼仪文化。随着时间的流逝，这种文化传播的载体——礼品也在不断发生改变。今天逢年过节赠送的礼品形式通过包装所呈现出的精神价值已经大大超过了商品本身的价值。

礼品包装，顾名思义，最侧重的就是"礼"字，目前市面上的礼品包装，不论是纪念性的礼品还是用于馈赠的礼品都有一个相同之处，就是追求品位的表现，强调礼品包装中情感的体现，因此礼品包装设计需要将情趣的表达和意境的渲染作为主要表述要点，而这点可以从以下几个方面来实现：

可以通过对优质包装材料的选择，来表达对被馈赠人的尊重，也体现出赠礼者的尊贵。因此礼品包装的设计应注重优雅性，不落俗气。

根据不同的吉日、不同的赠送场合，综合考虑被赠礼者的性别、年龄和职业，为礼品包装确定准确的设计定位，可以是深沉或典雅，也可以是温馨浪漫或活泼绚丽的设计表现。而一些不合适的设计形态采用不合适的语意表达，是不能被消费者所采纳的。

礼品的另外一个重要功能就是可以作为传达情谊的媒介。所以，礼品包装设计也要充分利用各种不同元素对这个情调和意境进行合理表达。以情动人，激发消费者的情感共鸣。

强调礼品所处地域的特色和风格，这是让礼品更为感人的推广策略之一。因此在礼品包装设计中，需要凸显这个特征，才能更好地传递展示传统文化的美感。

八、现代包装设计的主要功能

现代包装设计的主要功能是以基于传统包装设计基础上的保护功能为主，同时还具有现代产品销售层面上提倡的精神功能，与此同时，包装也发展衍生出两个主要类别，即销售包装和运输包装。在这两个类别之下的包装设计，都具有物质功能和精神功能两大属性，只是在对包装的整体进行设计时，根据商品内容物需要而会有所侧重。在市场经济的不断发展下，商品包装的功能性也在不断扩大，主要可以分为以下几种功能类型：

（一）保护功能

保护功能是包装设计中最基本的功能，也就是要避免商品被各种外力所损坏。任何商品都需要经过很多次运输流通，才能最终进入商场或其他销售场所，送达消费者手里。在此期间，还需要经历拆装、运输、存储、展示、销售等环节。

商品包装应该首先要防止商品受到物理性的损坏，因此需要使其具有防冲击、耐压、防震动等功效，同时还包括因为其他的化学反应引起的损坏。如啤酒瓶大多采用深色玻璃，主要因为深色可以保护啤酒减少被光线照射，防止变质。另外还有其他的一些复合塑料膜包装材料可以起到防潮和防止光线辐射破坏的作用。

商品包装既要防止商品发生由外及内的损伤，也要避免由内到外引起的破坏，如一些危险化学品的包装如果因为制作工艺达不到要求，发生诸如渗漏等状况就会引起环境的污染。

商品包装对产品的保护功能还与时间的长短有关联。有的包装可以为内容物提供长达几十年的质量保证，如红酒瓶包装。然而有的包装却只能运用简单的设计方式进行制作，以利于内容物使用过后进行销毁。

在运输的过程中，也有很多外在因素，诸如气候潮湿、重物撞击、光线照射、气体渗透或者细菌侵入等，从而对商品的安全性造成威胁。因此，一个优秀的包装设计师，应当在开始进行设计之前，将包装的材料与结构中需要解决的问题全面考量好，最终合理运用设计准则保障商品流通中的安全性。

（二）便利功能

商品包装中的便利功能主要是指商品包装设计是否能方便使用、携带和存放。

一件优秀的包装设计作品，应当设身处地地站在消费者的角度来考虑，将"以人为本"作为设计的主要目的，进而拉近商品和消费者之间的距离，增强消费者的购买欲望，加强他们对商品的信任度，促进企业和消费者之间的沟通。商品包装最基本的功能就是放置商品。在过去，很多商品并不能轻而易举地从一个地方运到另外一个地方，除非对其采用一定的技术手段进行包装，尤其是对于气体和液体内容物而言非常明显；而对于一些小的固体商品，如铁钉、洗衣粉、土豆片等，将这些商品用特有的密封方式进行封装，使得其能便于运输。

（三）促销功能

商品包装作为信息传递的工具之一，在大部分情况下，都需要以固有方式告诉消费者该包装中的内容物是什么。

随着市场竞争的日益激烈，商品包装在市场销售中所起到的作用和重要性越来越为生产厂商所熟知。人们开始察觉到包装的重要性，发现商品要在市场上得以畅销、得以在琳琅满目的商品货架上跳出，只依靠商品的质量保障和各种新媒体技术手段的传播是根本不够的。因此，商品包装承担起了推广促销的这个重要责任，成为商品的主要销售工具。商品包装不仅可以告知消费者里面的内容物具体是哪些性质，具有何特点，还要能说服潜在的一些消费者购买该产品的作用。常见的情形是，商品包装上应该放有所需要的信息，如商品的数量、具体产地、生产厂商、还有所必需的警告等。

（四）装饰功能

伴随着物质文化水平的不断提高以及国际经济文化交流的日益频繁，人们的审美水平也随之有了很大的提高。市场环境的变化提高了人们对于包装美感的欣赏偏爱和要求。商品包装传递信息大多是通过变化性的设计语言来进行表达，因此，图形创意、文字设计、色彩运用等视觉语言元素都是按照特定的形式美法则来进行编排的。在质量相当的商品之中，哪件商品的包装设计更加精美，往往更易引起消费者的注意，让他们觉得这件商品具有较强的视觉感染力和亲和力，从而更易激发他们的购买欲望。商品包装设计通过它的装饰美感、形态美感和材质美感的表现将商品的设计特点融为一体，从而塑造出独具特色且优美生动的包装形态，进而能满足消费者的心理需求，激发消费者内心的审美感受，焕发他们对于包装设计的某种相对应的情感联想和回忆。

（五）社会适应性

产品包装设计在其主要展示面会标注有商品的批准文号、注册商标，在背面或者侧面还有许多条形码以及防伪商标等符号信息，这些都是国家相关部门进行审查和批准时进行备案所需要的，不仅有法律意义，同时也可以和产品及企业的相关信息一起作为辨别商品真伪的主要依据。如产品的主要性能、使用特点、主要成分、生产地点、生产日期、保存方法、使用方法、保质期、邮编电话、电子邮箱等。而一般假冒伪劣产品包装设计上提供的信息则模糊不全，因此消费者可以通过这些常规信息对于产品的真假进行辨别。一旦发现有假冒伪劣产品的存在，消费者都可以通过法律程序对自己的合法权益和知识产权进行维权保护。

综上所述，以上五个主要功能都是相互关联且能起到相互制约的目的。不同的商品类别对于包装设计功能的要求各不相同，包装设计可以根据不同商品的具体要求来做出科学而又合理的抉择，比如重视商品包装设计中文化性的体现、时尚型的设计表现、审美性的传达等。同时，要在商品包装的制作数量、规格、内部结构、外部装饰等设计方面尽量做到方便实用、安全可靠，能满足消费者的"视觉喜好"和追求新奇、百变的消费心理，这样的商品包装才能提高企业在市场中的竞争实力，为品牌增添优秀的形象力表现，提高商品附加值，赢得更广大的消费商机，增强市场竞争力。

九、包装的信息传达设计

商品脱离生产线之后，包装就称为用于传达商品信息的主要表现部分，这些商品包装主要的作用就是要告知消费者产品的内容以及如何进行消费，因此商品包装应该具有如下信息：

首先，是要有与内容物相关的信息，包括商品的品牌名、辅助性的说明文字、商品主要用途、商品的用法、商品所具备的主要优点和特性、商品的品质特点等。

其次，是和商品制作相关的信息，包括商品的品牌、生产商家、经销商家的名称以及具体的生产地址、生产国家等。

还有和商品销售管理相关的信息，包括如何处理使用的说明、用于储运指示的标志以及商品条码等。

最后，还有一些法定的必须标记的信息，比如商品的成分标记、内容物的容量、保质期限和其他商品标识法规中所规定的具体事项等，这些信息可以通过文字、商品、说明图片等进行标注。

在进行包装的整体设计时，可以把这些信息作为主要展示信息和次要展示信息来进行分类、归纳，再综合进行设计。

下面对主要展示信息进行介绍。

商品包装是一个封闭的或者半封闭的物本，一般由两个或者两个以上的面结合而成。在这些共同构成商品包装的立体展示面中，对于主要呈现商品信息的展示面，一般称为商品的主展示面，也可以认为是包装的正面。它主要用来展示商品的品牌信息、种类信息和售卖点信息等。

"主展示面"作为展示包装设计风格的核心版面，在设计师进行设计时，会将其作为设计的重点部分，因此需要花费大量的时间进行风格的设定。一般来说，"主展示面"所包含的信息有：商品的风格设定、文字设计、图案设计和版面编排、色彩设计等。对这些内容进行统一协调的斟酌考量，才能达成最后的预期效果。

文字设计。商品包装的主展示面中的主要设计元素之一就是文字设计，主展示面中的文字通常包括商品的品牌名称，也就是商品品牌的具体名称，品牌名称的文字和图形应当与品牌标识相统一且相互独立出现，呈现和谐统一的关系。也有很多时候商品的品牌文字和图形呈现合二为一的关系。品牌名称主要是指商品具体的名字，有的商品的品牌名称是单独存在的一个称呼，也有的商品品牌名称被加上高一级的其他系列品种的名称。商品的售卖信息，表明了商品和其他类似产品相比所具有的特定价值信息，这也就形成了商品的具体卖点。这个卖点有时是基于产品的物质内在和价格因素方面来定位的，也有的会针对某些特殊的情感或者精神方面因素来定位。

商品的信息传达风格及品牌个性的建立，主要是依靠商品的主展示面来完成的。因此，设计师在进行商品主展示面文字设计的时候，需要根据商品的总体销售策略进行信息排列，来对不同信息所占据的位置和比例进行非常准确而又清晰的划分。另外，需要根据商品包装的既定风格，对这些主要信息的展示视觉设计形式进行与产品内容相吻合的风格设定，同时还需要注意到，风格确定后的主要信息传达强度应该能在消费者心中起到加强印象的目的，同时也不能产生信息的错误解读。

图形设计。商品包装的主要展示面中，图形元素主要是对商品进行有效辨别从而促进消费者进行购买。也有一些商品包装的设计会特意放大文字部分，让这种具有装饰性的文字表现成为图形的一种形式。因此，在商品包装的设计中，尤其是在商品包装的主要展示面设计上，很多图形和文字是不可能完全独立分开的，这些图形和文字应当是相辅相成、紧密联系甚至融为一体的关系。图形的设计需要考虑商品包装整体的视觉冲击力和视觉感染力，同时也要考虑图形为消费者提供的包装信息诉求是否准确。因此对信息的有效传达是图形的主要任务，商品包装的图形设计应当从包装的设计定位出发。如果图形的设计内容、装饰风格如果都与设计定位相一致，但是它的设计表现拿捏不到位的话，最终呈现的视觉效果也会略有欠缺，也很难在信息的准确传达上获得满意的效果。

所以，在进行包装的图形设计时，应当从对目标信息的强化上来考虑设计内容、装饰风格和其他组成元素之间的关系。一般来说，图形作为画面中的"主要视觉要素"，应当兼具包装内容物识别和核心信息传递的功能，而一些辅助展示视觉图形元素，常常会承担进一步完善包装设计风格、渲染包装的情感因素和传递包装设计信息中包含的某些潜在要素的功能。与此同时，在包装的审美方面，通过这两者之间的强弱对比，让画面中产生丰富的节奏感和韵律感。

色彩设计。商品包装的色彩设计不仅是能满足商品装饰气氛的渲染需要，还能平衡产品所在的行业其惯性特征和产品自身的特点。不同的商品在其色彩的整体倾向上，会不同程度地考虑到长久以来形成的行业习惯。这种行业习惯也可以被称为消费者对于各种类别的产品所具备的，并在一段时间内所形成的较为稳定的预想。一般情况下，消费者对于色彩的预想感受会因为商品类别的不同而有较大的变化，如电子产品给人的心理预期比较偏向于理性化，色彩的设计应该注重偏向未来的科技性和精密性；传统食品包装给人的色彩感受应该注重文化性的植入；儿童玩具的包装，其色彩应该注意展示鲜艳欢快的童趣性等。

除此之外，包装的色彩格调需要注重商品个性的体现，当然也有一些商品包装会选择差异性的色彩设计，使得商品整体设计风格和常规商品设计表现背道而驰，从而让商品的货架展示竞争力显得更为出人意料。但是这些差异性的设计，仍然要建立在满足消费者的喜好和接受程度基础上，只是其具体的实现手法有所不同。

总的来说，商品包装的色彩应尽量趋向统一，能符合商品的个性定位和品牌风格。通过运用色彩的对比，强调商品包装在展示架上的视觉冲击力，加强商品包装内部主要信息和背景信息的表达，进而强化商品核心信息的传达力度。

版式设计。商品包装的主要展示面所展示的信息和设计风格、个性空间等，主要是依靠包装的"形与形""形与边框""形与色彩"等方面的关联关系而存在的。商品包装的版式设计对于包装的信息传递和装饰风格塑造具有非常关键的意义。我们可以通过版式中的不同构成方式显现出包装设计的文化性和风格特性。另一个方面，个性突出的版式设计还可以提高包装在卖场展示架上的视觉冲击力，加大商品包装对商品的推广作用。

　　规范合理的版式设计可以让包装中商品的信息得以更为有效的传达，而凌乱不合理的版式设计则会妨碍信息的有效传达。因此，在对商品包装进行主要展示信息的设计时，可以根据商品的整体设计定位，把握好包装主要展示面上不同信息之间的主次逻辑关系，并对版面的构成和画面元素之间对比的强弱进行梳理调整，即加强信息传达中各个元素之间的视觉对比关系。

　　商品包装中信息传达的准确性、合理性以及图形设计上的生动性，直接关系到商品最终的售卖情况。因此对于商品包装的整体设计，应当采用核心的信息元素作为其主题表现，这也是凸显包装个性的重要表现方式。另外，辅助性的图文信息是包装设计中的辅助展示形象，因此对于包装设计整体气氛渲染会运用这些图文形式来完成。在设计时需要避免一些不必要的装饰性语言，视觉展示要素应精练概括，充分利用不同构成要素之间的对比关系，组建清晰的视觉信息秩序，构成良好的信息展示流程。

第二章 湖湘传统文化

在数千年历史文明的沉淀下，随着中原文化的南下迁移，湖南作为以孔丘的儒学文化为正统思想的省份，被后人称为"潇湘洙泗"，而唐宋之前的本土文化，即"荆楚文化"，都深深影响着湖湘文化。从学术层面上来看，儒学文化是湖湘文化的起源，从社会层面上来看，荆楚文化是湖湘文化发展演变过程中的重要组成部分。后人对湖湘文化的评价，总的来说可以用两种说法来进行概括：一种是"心忧天下、敢为人先、经世致用、实事求是"，这主要是从儒学文化层面上得出的，反映了湖湘文化质朴、实在的地域特色；另一种是"心忧天下、敢为人先、百折不挠、兼收并蓄"，这主要反映了湖湘文化是一种集中体现的文化个体，也体现了湖湘文化概括集中的开放意识。

一、湖湘文化的形成与内涵

湖湘文化是兼具双重属性即时间和空间兼备的区域性文化体系，有其自身特定的文化内涵。从广义上说，湖湘文化历史悠久，它是长期以来生活在这片土地上的人们在劳动生活中所形成的具有自身独特个性的精神文化和物质文化。从狭义上说，则是指居住在湖南的原始居民以及不同时代迁移过来的人民共同发展创造的精神文化，进而沉淀形成了湖南人特有的性格魅力。湖湘文化的内涵丰富，主要可以总结为以下三类：

湖湘文化中所蕴含的观念文化和精神文化。这方面主要是指湖湘文化中所包含的精神性，特指湖南人的性格特征、世界观、思想观以及对社会的价值观、伦理观等。

湖湘文化中所包含的智能文化以及规范文化。这主要是指湖湘文化在历史长河中形成的社会风土人情，湖南人对自身的衣食住行、生活起居以及婚丧礼仪等都有着独特的看法和特有的行为方式，这是湖湘文化深厚的文化底蕴所造就的。

湖湘文化中所涉及的物质文化。物质是隶属于表现形式上的内容，但是透过物质这一表现形式可以看出当地人们精神观念上的差异变化。从物质表现上来看，就囊括湖湘一带的建筑形式、劳动工具、生活用品等，包括展现当地民众思想观念的书籍形态也是属于这个范畴之内的。在湖南出土了许多有价值的文物，如青铜器、西汉马王堆的漆器、长沙窑的瓷器等，这些历史文物都是无声的代言人，向我们传颂湖湘文化的悠久历史和博大精深的文化内涵，它们是湖湘文化在物质上的集中表现和精神上的传承载体。

　　湖湘文化之所以具备这么深厚的文化内涵，源自其特定的自然环境和历史环境。湖湘文化所属地即内陆省份湖南，地处长江中游以南，因为大部分地区位于洞庭湖以南，故名湖南，同时又因湘江贯穿于整个省份全境，故简称"湘"。湖南全省面积大部分为湘江和洞庭湖流域，地理坐标位于东经109°～114°和北纬20°～30°之间，与广东、江西、贵州、湖北、广西及重庆相邻，也是长江经济带的重要组成部分。

　　湖南历史悠久，是华夏文明的重要发祥地，气候变化丰富，水资源众多，夏季炎热冬季寒冷，春夏雨水较多，秋季则较为干旱，尤其是湘西及湘西南等山地的气候变化更为明显。湖湘大地上水资源丰富，主要有湘江、沅江、澧水和资江四大水系，众多的水资源也使得湖湘大地物产丰富，特产众多。

　　湖南隶属于楚国，湖湘文化的衍生实际上也是古楚文化的传承，因此其自然环境就是文化生存发展的广袤土壤。从《楚辞》中我们可以看出楚人生来就具备的浪漫主义思想和激越的生活态度，这也是对湖湘文化影响颇深的理念传承。从湖南的地理环境来看，湖湘大地多样变化的地貌特征和四季分明的气候特点，孕育了丰富多样的物产，繁育生长着各类不同的物种，长期生活居住在这里的各族人民也衍生出多种多样的农耕渔猎等生产生活方式。虽然被称为中国传统的"鱼米之乡"，但是湖湘整体山地丘陵众多，地貌不是特别平整，使得其并不是特别适合农耕，尤其是气候方面，洪涝干旱，自然灾害众多，人们生存的环境还是较为恶劣的。在这样的自然环境背景下，在这里居住的人们不得不养成精耕细作的优良传统，恶劣的生存环境造就了湖湘大地居民们吃苦耐劳的性格特点和坚韧不拔的品质毅力。这里醉人心目的青山绿水，又孕育了湖湘民众敏捷灵动而又颇具浪漫的思想特征。湖湘境内环境和地理面貌之间的强烈反差，又让湖湘人民在思想上饱受冲突激烈的文化影响，培养出独立的精神意志。钱基博曾发表过相关的言论，说"湖南之为省，北阻大江，南薄五岭，西接黔蜀，群苗所萃，盖四塞之国。其地水少而山多。重山迭岭，滩河峻激，而舟车不易为交通……人杰地灵，大德迭起，前不见古人，后不见来者，宏识孤怀，涵今茹古，罔不有独立自由之思想，有坚强不磨之志节。"可见，地理环境的艰苦造就了湖南人坚韧不拔的毅力，也显现出湖湘文化的地域环境决定了湖南人以农耕种植为经济基础的生活方式。对于一个三面环山、一边临湖、北面敞开的"四塞之国"而言，出行交通多有不便，因此是属于中原一带比较闭塞的地域。湖南夏季炎热，白天室外温度常有四十多度，夜晚也常常还有三十多度，长沙也因此被誉为火炉城市。而一到冬季，则寒潮来袭，再加上洞庭湖吹来的湿气，显得尤为湿冷。春秋时节气温也是骤升骤降，反差很大。因此，虽然湖南今天被誉为"鱼米之乡"，但是其实在古代，却因为生存环境的恶劣而被称为"南蛮"之地，所以就有了屈原、李白、贾谊等历代朝廷官员被流放至此。也正因为有了这些历史名人的贬迁，湖湘大地的文化艺术才变得更加博彩纷呈，厚实多元。自汉代以后，湖南逐渐变成了国内最大的粮食供应地，"湖广熟，天下足"的谚语也是自此发展而来的。气候环境的艰苦恶劣，使得湖南人形成了爱恨分明的性格特质，也让他们养成了百折不挠的精神特点。湖南人逐渐适应了这种闭塞艰难的自然环境，同时也把对于天道无常的反抗精神和质疑——放入到文化创作之中，例如《楚辞》中的《离骚》《招魂》，以及巫傩文化中的祭祀文化等，还包括马王堆汉墓中出土的漆画和帛画都不同程度上显示了湖湘文化跳跃性、神秘性的风格特征。

其次，湖南在古时被称为"三苗"。因为所处的位置山高路远，在历史上一直就是远离中原的"蛮夷之地"，但是又因其处于南北的交通要道、东西出入之枢纽，汉族和其他少数民族大多杂居于此，历来都是兵家争夺之要地。元朝末年，清朝初年，湖南遭遇了多年的征战，造成湖南境内许多居民大量逃向其他省份，尤其以逃向四川省的人口居多，整个湖湘大地人口骤减，经济逐渐走向衰败。这个时期出现了两次大规模有组织的移民，主要是从江浙一带、江西及四川等省份，中央政府以从征、开垦、经商等形式鼓励一大批民众来到湖南开始新的生活。这也就是"江西填湖广，湖广填四川"的谚语来源。这两次大规模的移民活动最根本的改变是让湖南地域的居民结构发生了变化，从本质上来说，让湖南省人民更具吃得苦、耐得烦的品质以及努力拼搏、绝不服输的精神。因为这些移民在从家乡迁徙到湖南的过程中，都要经历无数坎坷和挫折，没有忍辱负重和开拓进取的精神，是无法完成这漫长的旅途跋涉的。与此同时，移民们还为湖南的发展带来了各种先进的生产技艺，这些先进生产技艺无疑带动了湖南经济的飞速发展，同时也是与外界文化的一次交融，让湖湘文化融入了不同地域的文化，促进了湖湘文化的多元化发展。因此，在近代也有很多人认为，三湘人才辈出，历史上许多叱咤风云的名人许多都是湖南人，主要因为湖南是个移民省。古楚文化中蕴含的浪漫神秘气质，加上不同移民文化的交汇融合，相互影响，互补互长，让湖湘文化兼备中原文化的那种坚毅顽强的意志和现实主义价值观，同时又有南方文化那种飘逸灵动和充满激情浪漫的品性，这也是湖湘文化浪漫又现实、灵而又笃实的地域特征形成的主要内在原因。

虽然说湖南的地理环境和历史环境是湖湘文化形成的外因条件，但是湖湘文化形成的根本内因却是在中原文化和荆楚文化共同影响下造就的。大部分研究湖湘文化的学者认为，湖湘文化的形成源头主要在于两个方面：一是受到中原文化的影响，中原文化主要是指孔子开创的儒家文化。湖南是文化中心向南迁移下造就的以儒家文化为主要信仰的省份，很多学者也把湖南称为"潇湘洙泗""荆蛮邹鲁"。二是湖南本土生长起来的群苗文化，即由屈原开创的荆楚文化。湖湘文化就是在这两种文化的交汇冲突最终得以和谐融合创造的结果。中原文化是以儒雅见长，而群苗文化则以蛮野为基调，在这两种基因的结合下，湖湘文化形成了其独有的"刚强""激越""倔强"的特点。

另外，这两个方面也分别对湖湘文化的思想学术以及社会心理这两个点产生了深化的影响。在思想学术方面，中原的儒学文化对其影响颇深，这可以从岳麓书院讲堂中悬挂的牌匾"道南正脉"中得以窥见。而在社会心理方面，湖湘民众的那些民俗民风、性格特点等，都是湖湘地域文化的象征和表象。因此，可以看到周敦颐、曾国藩等人的学术思想和学术修养都是将孔孟之道作为其追求目标的。而对乡村湘人考察时，则会感受到荆楚文化中那种倔强刚烈的个性。当然，湖湘的学术思想也有荆楚文化的渗入，也具有那种敢为人先而又刚劲的实学和拼搏的精神，而湖南人的性格特点中又融入了儒家思想的内涵，体现了人格魅力的升华。曾国藩就曾在自己的人格修炼时充满着对"血诚"和"明强"的追求，也常提及对这两种文化组合的有益之处。另外，曾国藩带领的湘军也主要是由湖湘一带的山民组成，他们刚直不阿的湘人气质对曾国藩有着潜移默化的影响，同时也在曾国藩的领导下学习着儒家道德理念和文化修养，就是这两种文化相互作用的结果。

总的来说，作为一种地域文化，湖湘文化的文化内涵形成与这些方面的影响是有着密切关系的，这些方面也是湖湘文化不可或缺的组成部分。因此，我们也可以把湖湘文化看作是一个具有多层次的丰富载体，它既容纳了意识层面的观念形态和精神文化，也囊括了物化形式表现的物质文明和行为文化。可以说既有上层阶级推崇的主流和精英文化，也包含平民阶层所追崇的大众和草根文化，它是湖湘大地上那些原始居民以及后来不断迁入湖南来的"三苗""荆楚"文化的综合，也是秦汉以来中原文化以及汉民族文化的集中表现。湖湘文化中既包含了其稳定而强烈的原生态气息，又蕴含着为适应时代发展而具备的创新性和变异性等衍生形态。也正是有了这些多元化的文化因素对湖湘文化的持续合力作用，才使得湖湘文化愈加丰富多彩，并在原有的基础上逐渐形成自身的表现形态，从而成为独具湖湘特色的地域文化之花。

二、湖湘文化的发展历史

（一）缘起于史前人类活动

早在旧石器时期，湖湘大地的人类活动就浇灌了湖湘文化的萌芽，在现今发掘的众多文化遗址中，如澧县彭头山新时期时期遗址、石门皂市下层新石器石器遗址等，就有相关文物的出土。其中最令世人惊奇的当属在湖南永州道县的玉蟾岩发现的原始古栽稻谷，这也是迄今为止世界上发现的最早的古栽培稻，湖南因此也被认定为可能是中国最古老的稻谷种植产地。

（二）湖湘文化的萌芽时期——夏商时期

湖湘大地上的本土文化深受中原文化的影响，社会的经济、政治、军事发展也对湖湘文化产生了巨大的影响，使得湖湘文明在这一时期得以萌芽。

（三）湖湘文化的初始发展阶段——春秋战国时期

湖湘文化萌芽后，如春笋般不断持续发展，这一时期受到楚文化的影响十分深厚。在湖湘大地上生活过的各族人民先祖有几个典型的代表，分别为：古越人——今侗人先祖；蛮人、濮人——今苗、瑶族先祖；巴人——今湘西土家族先祖；楚人——今汉人先祖。而其中"蛮人、濮人、巴人"也就是古人常提及的"三苗"。

（四）湖湘文化的持续发展时期——秦汉、隋唐时期

湖湘文化在秦汉隋唐时期得以持续发展，这一时期，湖湘文化融合了儒家文化的精神内涵，同时也博采众长，受到佛教思想的影响，湖南人所提倡的"心忧天下""先天下之忧而忧，后天下之乐而乐"等，

就表明了湖湘文化与佛教思想之间这种内在的联系。

（五）湖湘文化的鼎盛发展时期——宋元明清时期到近代时期

在这一时期，主要衍生出湖湘文化中理论思想的领头人，如周敦颐，凭借《太极图说》《通书》等著作成为理学的代表人物；胡安国、胡宏，以湖湘文化思想中经典的"经世致用"一说成为"湖湘学派"的代表人物等。

三、湖湘文化的代表性元素

（一）湖湘剪纸

剪纸在中国历史已有 1500 余年，只要有一把剪刀，一张纸，就可以巧手剪出各种不同的花样，而传统的剪纸艺术，材质还不仅仅局限于剪刀，也可以在皮革、布匹、塑料等上面剪、刻出各种纹样。中国境内的剪纸溯源地众多，而风格也因地域的不同而有较大的差别，在黄河流域一带的剪纸显得十分质朴、粗犷，主要表现形式以写意居多，常用于一些民俗活动；而在长江流域一带的剪纸艺术则显得十分精致细腻，图案也以写实临摹居多，且常用于制作女红刺绣的模板花样。湖湘剪纸就地处长江流域，因此其表现内容也是非常丰富，具有多样化的风格特色。

湖湘剪纸中最具代表性的类型当属湘西的路虎凿花和苗族的剪纸艺术，湖湘大地上各个不同地域的人们都喜爱剪纸，在望城、湘中、梅山、湘南等地均有独具地域风格的剪纸形式，涵盖的民族也颇为广泛，有汉族、土家族、侗族、苗族等。湖湘剪纸的风格趋于写实，常常以贴近生活的现实题材为表现内容。

（二）湖湘石雕

石刻石雕的历史最早起源于约 20 万年以前的旧石器时代，在漫长的历史发展历程中，石刻石雕的创作方式也在不断发生变化。不同时期人们的审美喜好、社会制度和自然环境的变化，都使得石刻石雕艺术在不断发展演变。因此，石刻石雕的发展史是一部生动实在又极具文化内涵的过程。

湖湘石刻石雕艺术是广大劳动群众在劳动生活中创作的，集中反映了百姓们的审美倾向。在过去那个人类每日与野兽斗争的远古时期，磨炼敲制石器成为他们日常生活中必须要做的事，石头被制成各种尖锐的武器，也被当作生活中所必需的工具。到后来，随着社会的发展进步和当地居民审美意识的加强，当地居民慢慢地把一些更具美观性的石头磨制成更具实用性的物品或装饰品，因为石雕的材质相对更具坚固耐磨性，因此保存时间相对比其他的艺术品更长。

湖湘石雕中以湘西石雕最具代表性。经考古发现，在上万年前的石器时代，湘西就已经有早期人类的生存繁衍痕迹。今天，石磨、擂钵、石碾槽等依然是人们日常生活常用的石器。

（三）湖湘刺绣

刺绣在我国有着悠久的传统，从楚文化区域出土的刺绣珍品看，湖湘刺绣与中国刺绣的发展一脉相承，湘绣更是与苏绣、蜀绣、粤绣齐名，是"四大名绣"之一。湖南是一个多民族省份，苗族、瑶族、侗族等少数民族大多居住在湘西与湘西南，湖湘民间妇女将民俗生活融入刺绣中，因此，湖湘刺绣又具有浓郁的民族特色与地域风格。

湘北洞庭湖流域的汉绣，以古装戏剧和神话人物为主，造型写实，风格古朴，带有楚汉艺术遗风；湘西南侗族是刺绣与挑花并用，侗族女子擅长挑秀龙蛇纹、蜘蛛纹、鱼纹、花鸟纹等，表现出粗狂、野趣的自然气息；湘西苗族以龙、凤、蝴蝶、花鸟为题材，色彩鲜艳的图案绣于深色底布，具有强烈的民族特色。

湖湘民族民间刺绣受楚文化的影响，不仅保留楚汉浪漫风韵，还融入劳动人民的创造意识，反映了湖湘女子的勤劳美德，在民间艺术中占有重要的地位。

（四）湖湘滩头年画

年画在中国民间具有悠久的历史，明清时期民间年画发展进入鼎盛时期。滩头年画是湖南省唯一的传统手工木版水印年画，到承载着湖湘民众乐观向上的思想情感和淳朴的民族风尚，造型夸张、饱满、古拙，色彩艳丽、润泽，制作工艺独到、繁复，被誉为"中国民间美术一绝"。

滩头年画是中国民间木版年画中的一支，最先由滩头的五色纸销售商从四川带画稿传入，后受湖南本土的民间习俗和审美趣味的影响，逐渐形成了带有浓厚古楚文化意识的地域文化特征。滩头年画在表现形式上，线条流畅圆润，纤细而富有力量。线条组织疏密，变化形式多样，具有鲜明的地域特色。

（五）湖湘建筑

湖湘文化中颇具代表性的还有湖湘建筑，常见的湖湘建筑类型有从古延续至今的干栏式建筑，以及明清时期流行的府第式、街衢式和庄园式建筑。这些建筑类型都具有典型的湖湘特色，颇具浪漫主义情怀和人文主义思想。

在湘西南和湘西北等少数民族地区主要以干栏式建筑为主，这些建筑类型的优点在于所建地点均为一些山高林密的地区，气候十分湿热，地形较为复杂，物产资源丰富，因此建造这类建筑的取材十分方便，营造起来也较为容易。干栏式建筑一般一楼都是架空层，二楼才是居住区，因此也常常被称为"吊脚楼"。湖湘地域的干栏式建筑许多都依山而建或者临水而造，一般是成群建造，与周边的山水融为一体，显得十分钟灵毓秀。

府第式建筑主要是由砖木建造而成，流行于明清时期。其主要建造在湘中、湘南一带，这也是湖湘建筑的代表性结构类型。在湘中、湘南地区，流行这种砖木结构为主的大宅院。其建筑形式主体是正屋，采取中轴对称的构造，两旁分布着厢房和杂屋，宅院内部又有许多大小交错的庭院，与其他房间一同构成一个庞大的建筑体系。从府第式建筑的构成来看，其具有以下几个特点：一个是从建造的规制上来看，府第式建筑严格遵循湖湘文化所提倡的儒家礼法传统，中间为最尊，东边为贵，西边次之，后边为最卑，显示出高低等级、内外差别、长幼序列；另外一个就是在府第式建筑的装饰构成上，仍然延续了湖湘民众所热衷的浪漫情怀，如在湖湘的府第式建筑装饰上，喜采用各种精致的木雕、繁复的石刻和一些极具人文气息的绘画和书法等。湖湘很多地域都以家族聚族而居，如在湘中南，很多大户望族都以家族为单位，一个村落就是一大户族人，如曾国藩的富厚堂、戴海还的柏荫堂，以及湘南桂阳的何氏家族、刘氏家族等。这些深宅大户都非常重视房屋的正屋厅堂，从房间数量来看，很多都建有上百间房屋，且在建筑装饰上综合运用了木雕、石雕、书法、壁画等表现手法，整体建筑风格富丽堂皇，院落布局还讲究几进几出，中间会有天井小院的搭建，形成院中有院的构成形式，院落房屋以亭廊连接，有的会建有如花园、书楼、戏台、佛堂等，还有的甚至在边角处留出"西洋厅"的位置，来供家人与外籍友人娱乐之用。以湘中的体仁堂为例，这是售卖红茶的商人刘麟郊的故居，是典型的府第式建筑形式，历经二十余年建造而成，建筑分为三进六出，内部共划分为 3 个正厅堂、6 个侧厅堂、18 个厢房厅房，院落中还设置有供水和排水系统，可谓各种设施一应俱全。因此，在抗日期间，面临日寇数十日的集体围攻，甚至用小钢炮来进行轰击，都未曾突破体仁堂坚固结实的高墙，日寇在围攻数日后只能无功而返，这些都得益于建筑内完备的粮水供应体系。

街衢式建筑是湘南民居中最具特色的建筑形式，它以分栋相衔的形式构成，具有代表性的如桂阳何氏家族的建筑群，整个建筑在三向环山、一向靠水的自然环境中，建筑面积达到了 18000 平方米，原来总共由 150 栋宅院组成，现存的较为完好的宅院仍然有 65 栋，今天仍然有将近 500 人在里面居住，且都是何姓。整个建筑群共分为 8 排横巷，5 条竖巷道，路面由青石板铺就而成，每个房间都有厅堂，厅堂内挂有匾额，还有木雕装饰的用于供奉祖先的神龛。外墙则装饰有一些石雕和壁画，保存得较为完好。再如板梁的刘氏家族，采用三个大的建筑版块构成家族群落，内含 1347 间房屋，现存完好的约为 1000 间，共分为祭祀与公学区、民居区、学堂及演武场区等。而且这些建筑的选址都十分考究，背面是一片小山，前边是潺潺的溪流，居民的居住空间与自然风景融为一体，显得格外舒适。

第三章　独具特色的湖湘民居建筑与包装应用

    湖湘文化中占据很大比重的是湖湘传统的民居建筑，纷繁多彩的湖湘民居建筑形式是建立在博大精深、颇具多元化风格的湖湘建筑文化基础上的，同时也对湖湘的传统民居结构产生了深厚的影响，起到了很大的促进作用。梁思成先生曾说过："建筑活动与民族文化相牵连，互为因果。民居建筑作为一种文化的物质载体，不管是它的工艺还是表现的内容，都十分直观地表现了区域文化特色。"而在不同的民居建筑所传递的信息量中，建筑装饰占了非常大的比重。对于湖湘传统的民居建筑而言，其艺术魅力除了在于建筑外型的独特性上，还在于湖湘民居建筑的装饰形态，两者一起综合构成了湖湘民居与其他地域民居之间与众不同的审美特质，如图3-1、图3-2所示。如果用颇具修饰性的语言来描述我国各地不同建筑形态的特点的话，可以总结为：北方的民居给人感觉恢宏大气，苏皖民居让人觉得秀丽精美，粤闽民居则显得纷繁复杂，而湖湘民居则是让人觉得质朴简约、淡雅清新。

图 3-1　依山傍水的的湖湘传统木建筑村落

图 3-2　依山傍水的湖湘传统木建筑民居

一、湖湘民居的艺术特色

从湖湘民居的艺术风格上来看，主要具有以下几个特点：

首先，湖湘民居是实用性和艺术性的统一体。从经济结构来看，湖湘地区主要以农耕种植业为主要经济来源，受"经世济用"理论的影响，让湖湘人都养成了勤劳朴实务实能干的品质。在建筑设计中，对于湖湘民居的建筑装饰来说，首先考虑的就是建筑构件使用功能上的实用性，要求确保不同构件之间的合理架构及布局，在这个基础上，工匠们再结合使用要求，根据不同构件、不同建筑组成部分的材料特点和装饰形式进行美化，来表达出湖湘民居建的美学特性和情感归属性。例如，湖湘民居建筑上，常见的重要连接部分，如屋脊、檐角、梁、雀替、斗拱等，这些连接部分同时也是建筑物的主要组成部分，也是建筑装饰的重要组成部分，如图 3-3 至图 3-6 所示。常见的装饰手法如下：将屋脊由平直的造型改为两端翘起，如凤凰展翼翱翔的形态或者青龙横卧于屋脊之上，形成飞檐翘角的造型形式；雀替位于木柱的两边，主要功能是用来分担木柱的负荷，可以考虑在保持原有造型结构强度的同时，运用高浮雕的方式进行装饰，在表面上雕刻出各种吉祥图案。湖湘民居建筑经过这些装饰设计后，整体建筑内容显得丰富多彩，既稳定大方又颇具动感，庄重严肃又不至于呆板。因此，湖湘民居建筑是在满足实用功能的基础上，让人们的居住审美体验提升到了一个新的境界。

图 3-3　湖湘民居木建筑屋檐

图 3-4　湖湘民居木柱结构

图 3-5　建造中的传统民居木柱材料

图 3-6　建造中的湖湘民居（1）

另外一个与民居建筑联系密切的就是柱础石。柱础石在建筑结构中主要是起到防止受潮、防止木柱腐烂以及承受建筑压力的作用。在建筑整体造型的设计理念中，柱础石的设计形式十分丰富，从造型上来看，分为圆鼓形、四方形、六面体等形式。另外，南方潮湿多雨的气候也使得湖湘一带的柱础石设计得比北方高一些。从装饰图案的内容来看，湖湘一带的柱础石常雕刻的图案有法螺、法轮、宝伞、白盖、莲花、宝瓶、金鱼、盘长，也就是八吉祥，又称佛八宝；和合、玉鱼、鼓板、磬、龙门、灵芝、松、鹤，即民间八宝；还有宝葫芦、剑、扇、鱼、玄笛、阴阳板、花篮、荷花，即道家八宝。另外，还有麒麟送子、狮子滚球、鸳鸯戏水等图案。这些图案形式穿插变化丰富，整体形象生动，在各个祠堂、名人故居中尤为常见。

湖湘民居建筑另外一个特点在于室内外空间的装饰表现，例如，门窗及瓦当的设计等。在建筑构造中，门窗和隔扇的设计是室内外衔接的重要构件，从敞开的隔扇设计中可以把人对于室外空间的感受引入到室内，扩大室内空间的视野范畴，从而将内外空间进行更好地结合。因此在装饰设计上，常采用细木的装饰形式，雕刻上卍字纹、福寿纹样或者一些卷草纹等，加强其装饰性，使其成为传统湖湘民居建筑上的艺术点缀，更具精致纤细的表现效果。另外在隔断设计上，常采用屏风间隔的形式来进行室内外空间的分割，使得空间整体上似分又联，感官上具有流动的节奏韵律，也让内外空间显得更加统一、相互辉映，增强空间的展示层次。

其次，湖湘民居建筑在造型构成上简洁朴实又具有多元变化性。湖湘地处长江中下游，是中国地域版图上的腹地位置，地理位置远离京都，历来都是较为闭塞的地域，从经济发展状况来看，远不如江浙闽粤等地那般繁华。湖湘文化的繁荣发展主要是从明清时期开始，资本主义萌芽带动了商品经济的交流和发展，随着江浙等地移民不断迁到湖湘一带，湖湘民居建筑融入了更多其他各地建筑的表现形式，不同文化之间的交融，加上湖湘多民族的构成特点，多种民族文化的组合也让建筑风格呈现出多样化的特点。

从湖湘地域位置来看，东部、南部、中部都靠山，整个地域丘陵居多。在这种地理环境下，为了不多占地方，房屋建造大多都靠山而建，随着山势的起伏而错落有致。同时，受到徽派建筑的影响，湖湘民居建筑的造型以穿斗式和抬梁式的木结构形式为主，如图3-7、图3-8所示。例如柏荫堂、傅家湾等古民居以及位于湘东的沈家大院，其建筑结构中较为有特色的是设计了比屋顶更高的封火墙，也称马头墙，使其更具动感。而且墙头的造型呈阶梯状，显示出高低错落的节奏韵律。封火墙的整个墙面都以白色的灰塑进行装饰，墙头上还覆盖了黑色的瓦片，青色墙面搭配黑色的瓦片，极为明净素雅。

此外，湘西的少数民族民居建筑结构中也有很多吊脚楼的形态，也就是干栏式建筑类型。这主要源于湘西一带山高水多，非常潮湿，加上深山中常有毒蛇猛兽出没，使得居住在这里的少数民族如苗族、侗族和土家族等居民，喜欢以木桩打底，在上面设置大小木梁用来承托地板，共同构成整个架空建筑的基底，并在其上面搭建木柱来架构梁木，最后构成干栏式建筑。由于整个建筑的底层是架空的，所以能起到很好的防潮和通风效果。同时，吊脚楼的建筑形态显得十分灵动活泼，既可以依水而建，也可以靠

图 3-7　建造中的湖湘民居梁柱结构

图 3-8　建造中的湖湘民居（2）

山而居。将深山稍稍开凿修砌，然后选择一些上好的木料撑起一排排吊脚楼。这些吊脚楼上的装饰也都十分别致，采用飞檐翘角的形式，且三面都有长廊环绕，房屋中央悬挂着四方形和八菱形的悬柱，壁板上仅用油将其抹得又光又亮而不上色，再加上花窗的点缀，显得十分活泼。湖湘文化底蕴深厚，在民居建筑艺术的表现上以木材为主要建筑材质，丰富多彩的装饰艺术中也以雕刻技艺居多，木雕见长。与徽派建筑对比来看，湖湘民居建筑并不太追求精雕细琢的表现手法，整体装饰设计上不如徽派建筑那般精致细腻，而是把神韵的表现作为主要追求。

最后，湖湘文化中蕴含着浓郁的古楚神秘气质。湖湘文化作为楚文化的主要发源地，之所以能在漫长的历史演变过程中，不断发展壮大，进而成为一个独立的体系，其地域特色文化和建筑文化之间有着不可分割的亲缘关系。从战国时期开始，湖湘地域就都被划入楚国的范畴，湖湘人不断学习，在文学修养、民居建筑、金属冶炼、农耕种植等方面都走在当时时代的最前沿。

据记载，在过去湖湘所处的楚国地域一带有着"信鬼神，重淫祀"的传统，民间举行祭祀活动时，会进行奏乐，有巫师和相关人员唱歌跳舞，并扮演成鬼神的形象，这些具有原始宗教色彩的各种民俗活动表演的主要目的是为了讨好神灵，以求神灵的保佑。但是与此同时，由于受到湖湘一带神话故事、宗教巫术、节日民俗、穿着服饰以及饮食习惯等地域民俗民风的影响，湖湘民居建筑文化也充满着巫术的色彩，在装饰设计中保留了许多带有巫术鬼神意识的纹样和构成。如在湘西土家族民居中的房梁上常采用一些太极和龙凤图案，并在门楣上装饰一些太极八卦图和狮子图案，檐角下雕刻一些鳌鱼等用来象征神水，这些装饰图形都充分表现出湖湘人民对神灵的敬畏，并寄予他们对美好未来的期望，因此这些活动和装饰之间都充满着古楚文化多元神秘的色彩，也是人类对于生活的原始智慧的融汇。

在湖湘民居建筑装饰中，习惯在门窗的装饰上运用各种云纹、水纹以及拐子纹等，在一些农村居民家中还经常会在门窗上悬挂一些用来避灾的木雕装饰物件等，这些都说明人们习惯于在日常的生产生活中寻找一些对于美好生活的精神寄托，因此才有了对于神性意识的构建。在湘西凤凰县一些民居建筑中所制作的凤凰脊饰以及装饰在垂脊上的卷草纹等，也是这一特色的集中反映。这些建筑装饰表现都反映出当地民众对于巫文化的极度膜拜，也是人们对神灵虔诚信仰的一种升华体现。

通过这些丰富多样的民居建筑装饰题材，如各种吉祥纹样、历史神话故事、动植物纹样等，表达了湖湘文化的精神内涵，寄托了湖湘人民的精神向往。在湖湘民居建筑装饰表现中，热衷于将对于世界的感性认知用具体的事物形象进行表现，并将人们对于事物的审美意识集中体现，由此大大丰富了建筑装饰的表现内容，涉及生活习惯、民俗民风等各个方面，增添了建筑的美感情趣。

作为中国传统的农业主要产地，湖湘民居建筑的一个主要装饰特点就是其浪漫主义情怀，尤其以牧歌情调为表现方式，体现了当地民众对于大自然的向往和依恋，以及对于人和自然和谐共存理想的追求。因此，这类题材如"刘海砍樵""渔樵耕读"等深受当地百姓的喜爱。除此之外，还有一些表现农家生活的故事，如在湖湘一些民居中相关题材的壁画，以多格的设计形式，分别绘制了婴童嬉戏、山水风光、田间捕鱼、庄园特色等图案。其中，婴童嬉戏表现的是几个裸身的小孩在莲花深处嬉戏玩耍，表现形式就是通过简单的墨线勾勒而成，每个小孩的表情神态各不相同，形象特征鲜明突出，极富生活情趣，与莲花一同构成一首悠扬的乡村牧歌。

另外，其他的一些装饰手法则表现了湖湘农家人淡泊一切的心态，比如生活中常见的猫狗等动物形象，以及萝卜青菜等蔬果图案，这些装饰图案凸显了湖湘居民的乡野情怀和审美乐趣。在湖湘民居建筑装饰中还有一个典型的特点，就是几乎所有的图案都赋予了吉祥美好的寓意，在民间有谚语"图必有意，意必吉祥"，如在湘西南一些民居古建筑上，高高的房屋檐角处，会装饰一些小兽，这些小兽除了可以为家宅主人消灾避难，使其逢凶化吉以外，还具有消除邪恶、主持公道的意义，并让民居建筑显得更加雄伟而充满艺术气息。因此，这些建筑装饰吉祥图案都寄托着湖湘民众对于生活的祝福和希望，具有丰富的文化内涵。

总的来说，湖湘民居建筑装饰是湖湘文化的重要组成部分，也是湖湘文化中最具有艺术特色的部分，它独具一格的表现形式和恒久亘古的艺术价值是湖湘深厚文化底蕴的展示。它是湖湘文化的外在表现，也是中国传统建筑文化的表征。从很大程度上来说，湖湘传统民居建筑中所携带的这种价值信息，是对于洞庭湖两岸民众千百年来社会观、文化观、历史观的情感再现，留给我们的感悟也是深远而绵长的。

二、湖湘传统民居建筑的表现形式

湖湘传统民居建筑的表现形式十分丰富，从传统民居建筑工艺来看，木建筑结构是湖湘传统民居建筑中最有特色的部分。这些木建筑的构成部分，如栓、枋、梁、板壁等都是以木榫、木栓进行相互穿插，或者叠搭嵌合，使得整体结构十分紧凑，如图3-9所示。所有结构的组成不需要一颗铁钉，且牢固性、美观度均为上乘，具有中国三种传统木建筑结构——穿斗式、抬梁式、井干式的优点，又与现代民居建筑中的排架结构、框架结构有些近似，都是主要以木梁为承重部分，具有良好的整体性和稳定性。因此，湖湘地域的传统民居建筑大多都非常牢固，历经数百年而不倒，充分展现了湖湘人民高超的建筑才艺和技巧。梁思成曾说过"建筑之规模、形体、工程、艺术之嬗递演变，及其民族特殊文化兴衰潮汐之映影，一国一族之建筑适应反鉴其物质精神，继往开来之面貌，今日之治史者，常赖其建筑之遗迹或记载以测其文化，其故因此，盖家主活动与民族活动文化之动向实相牵连，互为因果者"。这充分表明建筑是一个民族心灵的物化形态，可以给人以美的感受，具有丰富的文化内涵。

（一）干栏式楼房

湖湘地区山地居多，因此干栏式建筑形式十分常见，一般这种建筑结构大多为三层楼房，高约为六七米，尾数为"八"。因为在湖湘一带流传着"欲要发，不离八"的谚语，因此尾数带"八"象征着"家业兴旺"。干栏式建筑大多为四排三间相连接，也有六排五间的构成形式，每间为3米多。正中间为堂屋，

图 3-9　湖湘民居建筑侧面

一般会摆设上神龛用来祭奉祖先。两边的开间主要分为前后各两间，前面是厨房，会设有"火炉"，是一家人休息吃饭的地方，后面则为卧室。楼上也多是卧室以及储存粮食的地方。第三层较矮，是放置杂物的场所，又称为"仓顶"。而喂养猪牛的场所一般设在屋旁或屋后，一些家庭经济条件好的居民还会在自家旁边设置"偏厦"，主要是用来堆放干柴和杂物的，又称为"仓楼"。在楼房前面还可设置走廊，有的在走廊四周围上"栏干"，形成"走马角楼"。走廊通道上宽敞明亮，到冬天光线也依旧十分充足，是一家人休息乘凉的场地。中间大多为卧室。而且这些建筑屋顶一般都会盖上青瓦，并常用青瓦垒砌成屋脊，在屋脊中间还常常砌上"元宝"或"金钱"，形成"双龙抢宝式"的形式，屋脊两端砌上鳌头或凤头，寓意独占鳌头。建筑的檐柱部分吊上"金瓜"，各个房间的窗口常用花格或木条镶嵌成几何图案，有些大户人家的窗户还会雕刻上龙凤图案，雕工精致，龙凤造型精美、栩栩如生，极具浓郁的民族风情，如图 3-10 所示。

图 3-10　湖湘建筑干栏式民居

（二）吊脚楼

吊脚楼是干栏式建筑中极具特色的一种形式，如图 3-11 所示。一般来说，吊脚楼的组成形式可以分成两种：第一种是建在平地的吊脚楼，外侧木柱之间安装板壁，里面柱子上还要嵌套上板壁，让里外木柱之间形成一个走廊；第二种是建在斜向山坡上的吊脚楼，这种吊脚楼的基座分为上下两层，下层基座可以不需要那么平整。在建造时，可以用长柱竖立在下层基座或者斜坡之上，短柱则竖立在上一级，这样使得前半间和后半间的楼板之间形成一个平面，吊脚楼的屋檐柱脚较高，多达数尺或丈余高，且吊脚层一般不会安装板壁，常用于堆放杂物，有的甚至不加以利用；中间层则放置石磨、灶层，也有的用来圈养家畜；上层则主要作为卧室、储存粮食等。这两种形式的吊脚楼从结构上来看，制作工艺都十分高超，构成紧凑，枋连柱、柱连梁，环环相扣，完全不需要铁钉，是湖湘民众的智慧结晶。

吊脚楼从造型上看，不仅美观大方，而且十分经济实用。首先，吊脚楼建造成本低廉，省工省料，在山区建造房屋，不仅山高路滑，而且对于挖房屋地基而言都是非常费时费力的苦差事，搭建吊脚楼可以顺着山势走向稍加对山坡平整修复一下，就可以开始建造，对于平地容纳不下的基脚可以将其置放于

图 3-11　湖湘建筑吊脚楼

山坡之上，这样能大量节省开垦山地和运输多余土石的时间，同时也能有效避免流土对于山区田地的破坏，可以说是一举多得。其次，湖湘一带潮湿多雨的气候特征，使得这一地域树木多，雨雾天气也多，尤其在每年春季的梅雨时节，地面十分潮湿，因而建立架空的吊脚楼，可以让居民远离地面的湿气，可以起到良好的防潮作用。最后，因为湖湘一带许多农村人口居住在山区，毒蛇猛兽较多，在过去经常会有野兽袭人的事件发生，而吊脚楼的建筑形式，也可以有效地避免毒蛇猛兽进入室内。因为吊脚楼有如此多的优点，所以在湖湘山区一带十分盛行。依山傍水的吊脚楼映衬在青山绿水之间，显得错落有致，把山寨点缀得多姿多彩，如仙境一般。

（三）鼓楼

在过去，湖湘地域的各村各寨都建设有鼓楼，一般都是一个姓氏会建有一座鼓楼，且会建立在村寨中风水最好的位置，如图 3-12 所示。鼓楼一般都是木结构，一般以四根大的杉木作为主柱，一直贯穿到顶层，另外还有几根副柱和横枋置于主柱之上，且向四周伸展开来，以木榫、木栓的结构穿合，不需要铁钉，整个建筑结构就十分牢固，扣合严实无缝，形状造型不一。鼓楼从造型上来看，有四面体、六面体和八

图 3-12　鼓楼

面体等不同的形式，楼的层数一般为奇数，或三五层，或十多层，高度则一般为六七米到十几米之间，建筑底面面积也达到了三四十平方米，有的底面会围上栏杆，有的则是空敞的形式。在鼓楼的中间放置着"火塘"，主要是冬天用来给人们烤火取暖，四周还会放上许多长凳以供居民休息。楼顶上覆盖着青瓦，有的檐角上装饰有龙凤或花鸟等雕塑，楼顶呈现撑开的大伞造型，顶部竖立着檐杆或者用陶瓷雕刻的"金瓜""葫芦"等，顶盖的下层则常围上木络或累积角形木花；有的也会在横枋、四周壁面或大门上绘上各种龙凤麒麟、花卉鸟兽等纹样，造型十分美观，显得栩栩如生。鼓楼从外型看上去显得雄伟壮观，既有宝塔的风貌，又有楼阁亭台的俊美，只是现今许多村寨古老的鼓楼大多被毁坏，或在火灾中被烧毁，或遭遇人为破坏，现存的保存完好的鼓楼已不多了，如大园苗寨村落中的鼓楼，就是一座集合了鼓楼、凉亭、寨门和手工作坊为一体的鼓楼。正是因为这座鼓楼功能众多，对社会的功用较大，因此方能躲过众多的劫难，保存至今。大园苗寨的这座鼓楼，初建的时间并不确定，修复于公元1879年，即清朝光绪五年，这座鼓楼综合了木材与砖墙两种材质建造而成。从正面看过去，鼓楼仿佛就像一个古城门一般雄伟。第一层和山墙部分都是以砖墙来砌成的，还穿插了几根木枋到砖墙之内。整个鼓楼共分为三层，第一层是村寨的寨门，大路从寨门中穿过，地面用鹅卵石铺就而成，寨门右边以横木作为板凳，左边则放了数个大铜石作为石凳，这主要是供村民仁闲暇时休息的。第二层就是设鼓的地方，用木格围成。第三层则是塔楼，塔楼上有飞檐，上面雕刻了鳌鱼，塔楼的搁板上还绘制了精美的彩绘，但是由于年代的久远，让这些彩绘逐渐失去了往日的光泽，变得模糊不清。鼓楼左边建着的是手工作坊，两边种植着两棵参天的柏树，与鼓楼遥相呼应，让村寨的景致变得愈加奇巧，又别具韵味。

（四）风雨桥

风雨桥又称为"迴龙桥"，主要用来为村民们遮风挡雨。根据风雨桥的结构来划分可以将其分为石墩风雨桥和石拱风雨桥。

（1）石墩风雨桥。这是根据几何、力学原理建造的风雨桥形式，具有较高超的工艺表现形式和审美艺术价值。首先，其建造的流程是先用青石夹堆砌成桥墩，再在桥墩上放上木材作为垫墩，即垫木。这些垫木呈上面长、下面短的造型形式，逐渐向两边按照比例大小延伸，用以缩小两边桥墩之间的跨度，直到整个桥墩横跨河面，形成倒置的梯形造型。这种结构形式，可以增强桥面的载重能力，待垫墩铺设好之后，又会在大的木材之上铺上一层层小的横木，再在杉木板上刨上小槽以便进行榫嵌合设成桥面。桥面上还建有长廊，上面加盖上"人"字形的廊顶，并覆盖上青瓦。桥的两边再围上一圈木栏杆，旁边设有长的板凳，固定放置在木柱间，以供行人休息。长廊顶端会根据桥梁的长短，建设数个宝塔形状的亭阁，多为两三层，亭阁的中心柱在主梁上至亭阁顶端。中心柱上常嵌套上许多成放射状的木枋，木枋密密麻麻相互穿插嵌合，显得整个桥梁的结构非常精密，在桥梁顶端的瓦脊上常绘有彩色雕塑。主梁的下端则刻画着阴阳八卦图，亭阁板壁、木枋等上面常雕刻着各种龙凤、鸟兽等纹样。整个风雨桥的造型精巧美观，彩绘精致细腻，颇具湖湘乡野特色，如图3-13所示。

图 3-13　风雨桥

（2）石拱风雨桥。石拱风雨桥的建造流程主要分为以下步骤：首先要用青条石来堆砌桥拱，然后需要在石拱上搭建桥亭，桥亭的造型结构与石墩风雨桥类似。以岩寨村的经继桥为例，该桥修复于公元1841年，即清朝道光二十一年。单石拱桥形式，桥的总跨度长达8.8米，高约6米，桥亭采用纯木质结构，分为六排五间，长约16米，高约4米，中间修筑了亭阁，高约4.2米，采用双层飞檐的形式，造型古朴大方。

三、湖湘民居建筑在包装设计中的应用

湖湘民居建筑在产品包装设计中的应用主要以摄影、插画等形式展示文化风韵，提升包装价值。摄影、插画是现代包装设计图形元素常用的表现手法，摄影图像可以清楚直观地展示产品的外观、说明功用、传递产品的优点。摄影和插图通过内容的选择、表现的风格、后期的加工处理，是表现品牌承诺的一种直观方式，也可能是隐喻性的，通过一种图像凝聚一种感情或情绪。

包装的价值由审美价值和文化价值组成。就审美价值而言，包装审美价值从包装造型、色彩和材料等方面来体现，审美价值由于文化背景的不同会存在地区差异性，如中国礼盒包装的颜色，大多是渲染

喜庆、代表吉祥的红色、金色、银色；在地域产品包装中会选择竹、木、纸等自然材料，造型则喜欢选用自然元素中的竹筒、木盒、布袋等形态来凸显地域产品的特产质朴风格。

　　湖南特产十分丰富，有米粉、莲子、茶油、辣椒、橘子、茶叶、凉席等，将地域风景、民居建筑作为传递产品特征、产地来源和地域文化风韵的方式之一，是此类特产包装的特色之一。

　　湖湘民居形式中的干栏式楼房、吊脚楼、鼓楼、风雨桥等都是最具本土特色的建筑，民居元素在包装中的应用，以摄影图像和线描插画居多。摄影图像可以直观传递产品特征和地域特征，增加产品本身的直观性，如图3-14所示；线描插画如图3-15、图3-16所示，是艺术化审美的提升，湖湘民居通过线描的勾勒表达，提升了产品的视觉艺术层次。如图3-17所示，是湖南特产之一的米粉包装。米粉在市场推广中有干、湿两类产品，本设计选择"反凰米粉"作为包装产品对象，做方形礼盒的设计，"天地盖"结构方便包装的开启，视觉元素选择干栏式民居建筑为原型，以线描插画的形式进行表达，主要展示面的品牌文字配上圆形窗格的造型来配合包装图形，使包装更具有湖湘文化风韵。

图 3-14　湖湘民居摄影表现

图 3-15　湖湘民居速写线描表现（1）

图 3-16　湖湘居民速写线描表现 (2)

图 3-17　湖湘民居元素应用——凤凰米粉包装设计

如图 3-18、图 3-19 所示，是旅游商品的形象包装设计应用。旅游商品是富有地域特色和民族特色的产品，选择凤凰古镇中的典型建筑元素以摄影图像和线描插画的形式应用在扑克牌的牌面和包装盒设计中，增添了包装的湖湘文化风韵。

图 3-18 湖湘民居元素应用——扑克牌牌面及包装设计（1）

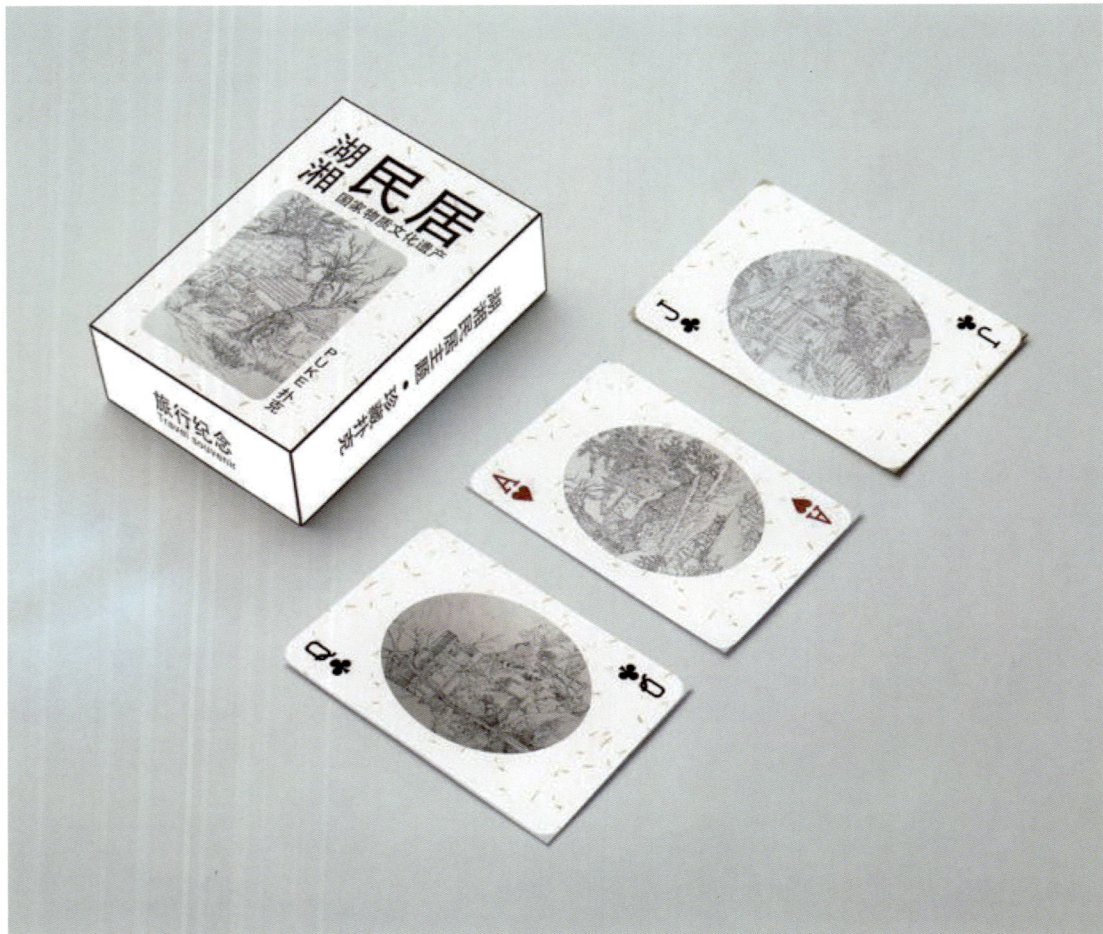

图 3-19　湖湘民居元素应用——扑克牌牌面及包装设计(2)

第四章　精彩纷呈的湖湘剪纸艺术与包装应用

　　剪纸是湖湘地域一项极具装饰性的艺术类型，巧手剪花，剪好的剪纸常常用于点缀湖湘民居的墙壁、门窗或者灯笼、镜面等，也常用于节日婚庆的礼品包装点缀。剪纸本身也可以当作礼物赠送给亲朋好友。过去，人们常把剪纸作为他们刺绣艺术或喷漆艺术的模板，这项传统的手工技艺现在也逐渐被机器化生产所取缔了。过去，人们制作剪纸的方式主要有两种：一种是剪刀剪，即用剪刀来修剪各种吉祥纹样，一般可以将好几张图纸层叠起来，再用锋利的剪刀根据纸上的图案进行加工。一种是刀剪，刀剪的制作方法则是先将纸张折叠成数叠，再放到各种动物脂肪和灰组成的混合物上，然后用尖锐的小刀慢慢对着纹样进行刻画。与剪刀剪比较来说，刀剪的最大优势就是可以一次性加工多个剪纸纹样。过去，在湖湘地域的各个乡村，剪纸艺术也被当成每个女生必须要掌握的一门技艺，还被当作男女婚配时人们评价新娘品质和能力的标准之一。但是真正从事剪纸行业的艺人却大多都是男性，因为在过去只有男人才可以在手工作坊进行劳作赚取生活来源。

　　湖湘剪纸从艺术表现上来说，以湘西苗族剪纸最具特色，苗族剪纸作为苗族历史文化的承载物，大多以凿刀来进行制作，因此又被称为"凿花""扎花"等。制作时，还要灵活运用扎、削、切、剪等工艺，大多苗族剪纸主要运用在苗族刺绣的模板上。

一、苗族剪纸的图案类型

　　苗族剪纸的图案可以分为四个不同的类型：一是苗族腹心地——黔东南一带的施洞型；二是巴拉河型；三是都柳江上游型；四是湘西型。前三种图案类型都以充满神秘幻想的原始情感及野性表现为特色，具有很高的艺术价值和丰富的文化内涵，是苗族剪纸中最具典型特色的部分。第四类湘西型剪纸主要以苗族衣饰上的花边、围腰及胸口的装饰、婴童鞋帽上的图案等为主。衣饰、鞋帽以及围腰上面的各种图案题材较为单一，主要是一些花鸟鱼虫等吉祥纹样，如图4-1所示。而方、圆枕的图案题材则较为丰富，因其展示面较宽大，基本有20～30厘米大小可供容纳构图内容，常见的题材有十二生肖、花草鱼鸟、民俗生活场景、戏曲故事人物等。

图 4-1　民间剪纸——花卉

二、苗族剪纸的类型划分

剪纸花样在苗语中又称为"本"，而剪纸则被称为"锉本"。主要用于制作衣服裤脚的花边、妇女的围裙、小孩的鞋帽以及床帐的帐檐花、枕花等。按照其使用的区域可以划分为服饰类和日常用品类两种。

（一）服饰类

（1）女装服饰。在女装服饰中剪纸纹样的运用是最多的，且图案类型丰富，制作精美，根据女装服饰中应用部分的不同，又可以分为以下几种类型：

① 衣饰花边。衣饰花边常见于衣袖边和领襟边，呈长条形。图案题材以花鸟蝴蝶等组合而成的二方连续纹样为主，造型简洁明快。

② 围裙纹样。围裙的剪纸纹样种类丰富，一般设计为与围裙的造型相统一的扇形或金钟形。图案题材以牡丹、荷花、蝴蝶等单独纹样以及花鸟动物等组合纹样为主，构图十分饱满，线条流畅。

③ 鞋花纹样。鞋花纹样主要分为鞋头花、鞋垫花两大类。由于鞋花可以装饰的空间不大，因此图案题材也大多以小型的花鸟纹样为主，造型简洁，风格非常单纯活泼。

（2）男装服饰。苗族的男性居民大多都是家中主要经济支柱，由于长期在外从事劳作活动，因此他们的服饰都较为宽松简单，仅在衣饰裤脚边装饰上一圈简洁的花边纹样，图案非常简洁。

（3）儿童服饰。儿童服饰中可以装饰的部分较多，主要包括帽花、口水袋花、裙花等。帽花从其造型上来看，可以分为狗头花和虎头花两种，主要装饰的图案有龙和凤等吉祥纹样。口水袋是围在儿童下巴处，防止吃饭喝水时弄脏衣服的。因此口水袋的造型一般为圆形或圆环形，图案大多都是一些花鸟等组合纹样。背裙则是用来背小孩的装饰物，上面的剪纸纹样大多呈倒三角的形式，图案题材以"龙凤呈祥""凤穿牡丹"等吉祥寓意的图案为主。

（二）日常用品纹样

苗族居民的日常用品中常用剪纸纹样来进行装饰，且大多都在青年男女婚前完成所有物品中的刺绣部分，这也是新娘展现自己聪明才智和精巧手工的好时机。所有日常用品中，图案构成最复杂的就是帐檐花，长度约为 2.4 米，高约为 0.6 米，上面的图案呈对称的形式，分层进行排列，题材选择十分广泛，制作工艺尤为精湛，图案内容主要有"龙凤呈祥""狮子滚绣球"等。另外，还有枕面花，也是运用成双成对的设计形式，图案题材有"鸳鸯戏水""莲生贵子"等。此外，还有一些荷包花，其上面表现的图案纹样以小巧的几何纹样为主，大多是表现"蝶恋花"的主题题材，而飘带花上则以几何纹样以及动植物花草等的连续表现纹样为主。还有一种被称为"弥埋"纹样的类型，以各种山峦变异而成的飞马、马蹄或者山水纹样组合而成。锉花的花样在实用性上有着很大的差别，实际寓意上也有很大的不同，因此根据其图案类型的不同，又可以划分出不同的类型形式。

三、苗族剪纸的主要纹样类型

（一）龙凤图案

龙凤纹样是湘西一带苗族剪纸中常见的纹样类型，因为在苗族的传统文化民俗中，龙凤纹样的寓意与汉族文化民俗中的象征寓意并不相同。在汉族的文化思想理念中，龙代表着至高无上的权利和地位，也是皇权的象征。因此汉族人民设计的龙的形态都是张牙舞爪腾云驾雾，充满着霸气。而在苗族的思想观念中，龙是他们的护家之神，因此在苗族的民居建筑中，堂屋正中地面上都要设置"龙穴"。每年到春天还要举行"接龙"和"迎龙"的仪式，寓意着将龙从村寨的水井中请回到自己家中。在这种传统民俗的影响下，苗族人民创作的龙的形象，是在传统的龙的形态中融入了本民族本地方的文化元素，塑造了许多与其他动物嫁接的变形龙的造型，如"牛头龙""鱼龙""猪龙"等。从这些变形龙的形态中，也能看出苗族居民艺术创作中充满着纯朴稚拙的民俗风情特征。

凤凰纹样也是苗族剪纸中常见的纹样形式，凤凰又称"神鸟"，被誉为鸟中之王，体态婀娜多姿。苗族剪纸中的凤凰纹样是在汉族人民创作的反凰纹样造型上进行变形组合的，将凤凰与人或其他动植物纹样组合，形成"仙人骑凤""凤穿牡丹"等形态，如图 4-2 所示。

龙的图案常用于帐檐花灯等日常用品的制作，而凤的图案则常运用在女子的服饰设计中，这源于龙的造型显示的是男子的阳刚之气，而凤的造型则显示着女性的柔美之意。而龙凤组合的纹样，如"龙凤呈祥"这类经典吉祥纹样则常运用在新婚夫妇的日常用品上，寓意着白头偕老、举案齐眉的美好祝愿。

图 4-2　民间剪纸——凤穿牡丹

（二）狮子纹样

狮子在汉族人们心中是百兽之王，也用于象征极高的权势地位和富贵。而在苗族居民的心中是吉祥福瑞的猛兽，可以用来驱邪避难。相比较两个民族所创作的狮子形象来说，苗族狮子纹样与汉族狮子纹样表现手法上是颇具关联性的，但在造型上仍然有所不同，具有其独创性。苗族在每年过完春节之后，都有"玩年抢狮"以及"百狮会"的庆祝活动，在活动上有狮舞和登高等节目表演，而苗族剪纸图案中的"双狮抢绣球"就源自这一民俗活动。在这个图案表现中，狮子造型显得生动又富有变化，一改传统图案中双狮两两相对的对称特点。前面的雄狮昂首回头，颈部又长又卷的狮毛显示出一股霸气的特征，后面的雄狮则呈昂首阔步姿态，充满朝气。另外，狮子的造型也延续了苗族居民喜爱将不同动植物进行组合的图案设计方式，有的将狮子与龙首相结合，有的将狮子与花果进行组合。除了将这些纹样运用在帐檐花样中，还将其广泛应用到如服饰、家具、建筑等装饰设计中。

（三）蝴蝶图案

苗族居民在《人类起源歌》中就有唱到关于蝴蝶的歌词："枫树生妹榜，枫树生妹留。""妹榜""妹留"就是苗族居民所说的蝴蝶妈妈，也是苗族居民的一种图腾崇拜。在苗民心中，蝴蝶妈妈就是他们的

图 4-3 民间剪纸——蝴蝶花鸟纹

始祖，也是他们的保护神，因此他们把蝴蝶看作是充满吉祥和幸福寓意的象征。在苗族的剪纸纹样中，蝴蝶也是运用的最广泛的题材，如图 4-3 所示。苗民们将蝴蝶与花卉、石榴或者桃子等进行组合，整体造型看起来又像蝴蝶，又觉得类似花果。这些变形后的蝴蝶纹样被用在帐檐、裤脚边、衣饰边以及鞋帽上，成为苗族居民最喜爱的纹样之一。蝴蝶纹样除了在各类苗族服饰中起到十分重要的装饰功能以外，还是苗族悠久历史文化的重要构成部分，谈到苗民的哲学文化思想和苗族流传至今的神话传说，就会提及蝴蝶妈妈的民俗故事，具有深厚的历史渊源。

（四）花鸟图案

"万物有灵"的思想观念一直是苗族居民所信奉的重要理念，他们崇拜自然界的许多动植物物种，认为不同的物种之间可以通过"有灵"的信念相互影响，相互渗透。因此在剪纸纹样中，除了对单独的花鸟图案进行设计表现之外，苗族居民还对不同的花鸟造型进行结合体现，如图 4-4、图 4-5 所示。在苗族居民心中也有对于鸟的自然崇拜，他们认为鸟是祖先的象征，因此也将鸟的纹样作为图腾符号，寓意生殖崇拜。因此将鸟的纹样以剪纸为模板的形式绣到苗族服饰上，就象征着苗民们是鸟的子孙，而能够在死后变成鸟，也是赋予死者最高的荣誉。基于只有公开谈过恋爱的人死后才能变成鸟的这个信条，鸟的图腾纹样还被赋予了生殖崇拜的含义，是古时人们对于生殖崇拜的理想反映。

图 4-4　民间剪纸——花鸟图案(1)

图 4-5　民间剪纸——花鸟图案(2)

（五）动植物图案

苗族剪纸的动植物图案组合当中，多以动物为主导地位，植物为辅助衬托地位。如在儿童帽子花样中的"狗脑帽花"，以狗头作为图案的主题，表现了苗族对于盘瓠崇拜的理念。另外还有一些组合纹样，如"双猴摘桃"寓意着福气绵绵、白头偕老；猫兔组合在一起，象征和睦共处等。随着时代的进步和发展，苗族的文化也在外来文化的冲击下融入了现代纹样的气息，例如"苗女和熊猫"组合的图案，表现的就是背着背篓、穿着苗族服装的妇女与正在吃着竹子的熊猫相对而坐，体现了人类与自然和谐共处的思想情怀。此外，苗族的剪纸图案还保留着浓郁的汉族文化特点，许多纹样的发源都与汉文化息息相关，是对于汉民族文化的一种延续与传承。苗民们在对于动植物图案进行组合构成时，还喜欢将家禽如猪、牛、狗、羊等放入图案中进行再次构成，充满着乡野气息，十分自然生动，又趣味盎然，如图4-6所示。

图4-6　民间剪纸——动物图案

（六）其他图案

除了以上具有传统吉祥意义的图案类型之外，苗族剪纸还有许多取材于民间故事或者神话、戏曲故事的题材，以及反映苗民生活习俗的题材。如"老鼠娶亲"的故事创作，将老鼠拟人化，场面敲敲打打，热闹非凡。根据神话创作的题材，如"仙女散花"，也是将仙女们表现的体态婀娜，神情生动，充满着仙乐飘飘的视觉联想感受。另外，还有许多对苗族居民生活的描述，如牧童吹笛，显得十分活泼有趣。

四、苗族剪纸的艺术特色

苗族剪纸蕴含着当地苗民们流传下来的祈福思想和美学理想观。他们习惯采用各种象征、比喻或谐音等手法，对动植物形象进行组合重构。

（一）苗族剪纸与汉族剪纸的差别

从其使用工具和制作方式上来看，汉族的剪纸一般采用剪刀进行制作，一次只可以加工1~5张；而苗族居民采用的锉花技艺，使用特制的刻刀进行花样的刻锉，最多可以一次性加工20张，大大提高了生产的数量。另外，汉族的剪纸大多用于贴窗花或者作为节庆日的装饰，营造出热闹的气氛；而苗族的剪纸大多用于制作刺绣的模板，只用白色纸张来进行剪刻，且上面都有刺绣针法的提示。从构成的图案来看，汉族的剪纸主要以生活题材为主；苗族的剪纸则以动植物表现为主。从艺术风格上来看，汉族剪纸比较注重写实，常采用平视角构图；而苗族的剪纸则注重写意表现，常采用立体、变形或夸张等手法。在最后的视觉展现上，汉族剪纸更为注重绘画形式装饰效果的呈现，因此会灵活运用线条间的衔接、虚实空间的对比来表达审美效果；而苗族剪纸则多以块面相结合的方式，呈现出浑厚立体的浮雕般质感。

（二）苗族剪纸的文化内涵

苗族人民的文化内涵主要就是通过剪纸、刺绣等图案来传承的，他们没有自己的文字，这些图案就是他们文字的表征，根据苗族剪纸锉花的艺人吴花红口述，在她小时候，就常看到一些来苗乡走家串巷的外地人，他们将各种剪纸花样带到苗族市场上贩卖，当地妇女看到这些好看的花样都争相购买，这也引发了当地妇女对于剪纸锉花的热爱，开始尝试临摹学习这些图案表现，然后作为苗绣图案的底稿，这也是最初苗汉文化的交融。

（三）苗族剪纸的风格类型

（1）高山台地型。

高山台地型风格的苗族剪纸覆盖了腊尔山台地、山江、禾库、麻冲等乡镇，这一片地区山高水深，气候非常寒冷，属于传统的"生苗"区域，这一地域的居民百分之九十五以上的都是苗民。自明清以来，这里就被统治阶级划分为军事统治区，修筑了厚厚的边墙，将墙内外的苗人切断了联系，形成了今天我们说的"生苗"和"熟苗"的差异化。腊尔山地区的苗民因为与外界接触少，所以这一代的苗族剪纸锉花具有浓郁的原始风味，整体构图非常饱满，风格质朴，造型别致，制作工艺细腻。

　　高山台地风格的剪纸图案类型很多，且制作的艺人大多为年长的妇女，她们长期生活在一个地域，在共同的环境背景影响下，创作出来的图案都大同小异。但是今天，腊尔山地区从事锉花剪纸创作的艺人越来越少，面临着后继无人、濒临失传的现象。

　　（2）河谷边缘型。

　　河谷边缘型的苗族剪纸以泸溪县踏虎凿花为代表，踏虎凿花起源于苗族服饰中的纹样蓝本，号称"不用剪刀的剪纸"，包含了各种不同的花样类型，如图4-7所示。主要用在一些绣花的纹样中，图案题材非常广泛，包括鸟兽花草等，踏虎凿花制作工艺上也颇为讲究，首先是进行画稿，即用"线"的形式把人们的情感愿望合理地表现出来，这主要是通过线条的粗细和长短变化，形成疏密对比的形式，使画稿上的线稿图案形成和谐统一的视觉效果。其次要进行稿样的固定，即把宣纸裁剪成和设计稿一样大小，再叠放在一起，将所有的纸张都用铁针进行穿插打眼，然后把所有纸张用纸钉穿入打好的针眼中并拉紧后，

图4-7　民间剪纸——阳刻表现(1)

用剪刀把多余的部分剪掉。这样，稿件就固定好了。接着，需要在蜡版上进行凿刻，需要用刻刀由里到外、自上而下、从左往右的顺序来一一进行纹样的凿刻，一般把画面中较大的空白放到最后进行凿刻。凿刻的方法主要分为阴刻（刻除所图案中的轮廓线条部分）、阳刻（刻除图案中实底填充部分，保留物体轮廓）、阴阳混合（阴阳结合的刻画方式，形式更加丰富）、阴阳分刻（阴阳刻法呈上下分布或左右分布的形式）这四种形式。最后就是对凿好的作品进行装裱，可以通过立轴式、镜片式或者册页式等方法来进行装裱，如图4-8所示。

图 4-8　民间剪纸图案——阳刻表现（2）

五、苗族剪纸的文化内涵

如果说，神话传说、古歌长诗是苗族居民文化内涵传承的载体，那么剪纸刺绣图案就是苗族居民文化内涵的表象。苗族居民们将他们对于美好生活的愿景寄予在丰富多彩的苗族服饰刺绣图案之中，让这些服饰成为苗民的"文字史书"，从而更好地起到传承民族历史文化的作用。而苗族剪纸锉花则是这一"文字史书"最本质的物质载体，也是最直观的表现媒介，是苗族文化的主要组成部分。

（1）苗族剪纸是苗族居民长久以来农耕文化的显现。

农耕种植是苗族居民自黄河流域时就开始从事的生产活动，作为稻谷种植生产的主要产地，由于受到战乱的影响，苗民们开始举家迁徙到湘西南，开始水稻种植，也开创了湖湘一带的农耕文化。农耕文化对于苗族剪纸艺术的影响在于苗族的剪纸锉花是一项较为高超的手工艺制作，选择农耕种植的相关题材图案来表现主要是因为剪纸艺术也同样来源于生活，将生活中最为常见的花草树木、猪马牛羊等相关事物，以及各种复杂的劳动场所、生活起居等通过剪纸艺术来表现，可以传达出剪纸艺术创作时的创造性。

苗族剪纸锉花根据所处地域的不同，在类型和风格上存在一定的差异性。这主要是因为在农耕时代，社会经济并没有明显的社会分工，所有人在社会上的地位都是平等的，艺术创作中也同样展现出平等共生的形态。在农耕时代，男性主要在外从事体力劳动，扶持家中的经济来源，因此服饰的整体装饰简单，纹样造型简洁，图案较为单调；而妇女则多在家中操持家务或者从事一些田间劳作，这些复杂的手工劳作使得她们的思想更为丰富细腻，双手也愈加灵巧，激发了妇女们对于艺术的创作。正是在这种差异性的社会生活环境下，男女服饰设计上有了较大的美感差异。从图案设计的演变来看，逐渐从农耕种植文化向动植物图案过渡，还有一些反映渔猎文化的装饰内容出现。因此，德国艺术史家格罗塞曾说过："从动物装潢变迁到植物装潢，实在是文化史上一种重要进步的象征，就是从狩猎变迁到农耕的象征。"而这一变迁现象的代表性记录载体正是苗族的剪纸锉花。

（2）民族历史文化的象征载体。

虽然说苗族古歌以及神话故事是苗族民族文化传承的主要形式，但是这些表现形式并不能完全解读苗族居民对于历史文化的深刻认识，还可能还会因传承过程过于抽象，不够具体而造成文化传承时的变异。而通过苗族剪纸锉花的图案表现形式则是对缺乏本土文字的古歌或神话传说等记载形式的补充，让苗族文化传承更加具象化、稳定化。如苗族剪纸锉花中的"狗脑帽花"图案就是对于盘瓠崇拜的具象化表现。可以说，丰富多彩的苗族剪纸锉花是苗族文化的重要物化载体，也集中展示了苗族居民精湛的工艺水平和审美修养，是苗族历史文化发展的展现。在 20 世纪 70 年代，苗族剪纸锉花中出现了许多时代发展口号的图形设计，如"自力更生""艰苦奋斗"等，这也是苗族剪纸锉花在历史发展中呈现的深刻的时代印记，也代表着其"文字史书"的特性。

（3）苗族民俗文化的展示。

在苗族民俗传统文化中，有许多庆典节日，如四八姑娘节、苗歌会、赶秋节等，在这些传统庆典节日中，苗族的妇女都会身着盛装参加，而这些苗族服饰中多样华丽的刺绣图案就是以剪纸锉花为模板制作而成的。苗族剪纸锉花还具有一定的浪漫主义色彩，主要在苗族婚庆活动中深有体现。刺绣、蜡染、剪纸锉花是苗族的姑娘们从小就要开始学习的手工技艺，待到她们长到婚嫁年龄，如果在庆典活动赶场时遇到中意的人，就会绣上一个带有爱情寓意纹样的荷包或花带送给意中人作为定情信物。在结婚这天，两位新人的帐檐上还必须要挂上"龙凤呈祥"的吉祥纹样或者其他对称吉祥纹样，展现出苗族居民对于富贵安宁生活的追求。

作为苗族文化的艺术表现，苗族的剪纸锉花和刺绣之间有着密不可分的关联，这些图案纹样中蕴含着深厚的民族自我认同感，并在苗族居民生活中代代相传。由于深受苗族社会生活习俗的影响，苗族剪纸锉花艺术中也容纳了不同历史时代、社会习俗等内容。就当地的民俗传统文化而言，当地的苗族男子常常会以身着服饰的华美程度来衡量苗族姑娘的手工艺，在他们眼中，心灵手巧、绣工出众的姑娘更受青睐。而这些精致华丽的苗族服装，恰好就是姑娘们才艺的最佳展示。因此，在节日聚会时，苗族姑娘们都会把自己打扮得明丽动人，抓住这个展示自我的好时机，吸引优秀男青年的瞩目。这些服装也就被赋予了苗家求偶的寓意，也是苗族姑娘们在社会生活中的一种社会交往礼仪。

（4）集中体现了万物有灵的神灵汇聚。

苗族剪纸锉花中体现了苗族居民质朴的宗教信仰和审美观念。他们认为自然界的一切事物都具有"万物有灵"的特征，不同的事物之间可以进行相互转化渗透，这种观念使得苗族的剪纸锉花中有许多不同图案的组合，尤其是蝴蝶、狮子、龙凤等组合图案最多。人们在对抗自然界中所面临的各种恐惧和恶劣环境现象时，往往需要寻求外在的精神力量。在这一前提下，自然界就被赋予了"人性"，而人的主观愿望和幻想也被艺术化、形象化，各种自然神灵的形象如天地神、日月神以及动植物神灵等就是这样被创作出来的。如在苗族剪纸锉花图案中，蝴蝶象征着图腾崇拜，龙则被誉为家宅保护神和司水之神，花鸟纹样常被布置在神堂中，为法事活动渲染出更为浓郁的宗教色彩……可见，苗族剪纸锉花是苗族千百年历史文化的精神沉淀，有深厚的文化内涵，包含了苗族居民对于超自然神灵的想象。对苗族剪纸锉花来说，其创作的图案题材、设计构思、审美意境等方面都折射出苗族民众对于神灵的崇拜以及对于泛生意识的浸透，这也是苗族剪纸锉花艺术对于"万物有灵"的神灵汇聚思想的集中展现，如图4-9、图4-10所示。

图 4-9　民间剪纸——万物有灵花鸟组合

　　总的来说，苗族剪纸锉花是苗族独特的民族特征和审美风格的代表，从这一艺术中可以看到苗族历史文化发展的轨迹，也是苗族居民审美理念和价值观念的代表。随着社会的发展进步，加上汉族文化的渗透，使得苗族剪纸锉花的传统功能遇到了严峻的挑战，面临着失传的境地。因此，如何对苗族剪纸锉花艺术进行再造革新就变成了当下急需解决的重要问题，而与现代设计进行更好地融合，是促使这一传统艺术得以更好地发展的有效途径。

图 4-10　民间剪纸——万物有灵囍字花鸟组合

六、湖湘剪纸艺术在包装设计中的应用

　　湖湘民间剪纸是典型的镂空艺术，以湘西苗族剪纸最具特色，苗族剪纸是苗族历史文化的承载物，是苗族文化里除苗族古歌和神话传说以外的相对保持原意的载体。苗族剪纸蕴藏着苗族先民朴素的原始宗教信仰，反映了苗族人民的审美追求、价值观念以及工艺水平，也是苗族文化历史发展的见证。

　　湖湘苗族文化里体现着"万物有灵"的信仰意识，苗族剪纸中以龙、狮、蝴蝶组合变形的图案最多，蝴蝶则是作为图腾崇拜出现在苗族的剪纸图案中，是一种定型化的图腾意象，是一种对自然界的崇拜和服从的表现。同时，苗族剪纸从题材、构思、审美表现都彰显自然神灵的幻想。

　　随着社会的发展，湖湘剪纸艺术这种镂空艺术语言正通过雕、镂、刻、剪等技法运用在多种材料上和多元化的应用领域，涵盖产品包装设计、标志设计、服装设计、插画设计、舞台美术等领域，以产品包装设计应用最为广泛。

（一）包装结构上镂空技法的应用

产品包装是对物品的包裹与装饰，包装设计包括包装材料、包装结构、包装容器造型和包装视觉元素，纸材料是包装设计中运用最广泛的材料，纸盒结构成为包装设计的重要设计形式。常见的纸盒结构形式是折叠纸盒和裱糊纸盒，以折叠纸盒的变化最为丰富，开窗结构和通过折叠切割的方式完成盒型结构是纸盒设计中最常见的表现形式。剪纸镂空技术可直接剪切形成开窗面，也可剪切形成装饰性结构。

湖湘苗族剪纸中刻、锉、剪以及刀法和针法的结合是常用的表现技法，这一结构镂空技法在婚庆礼品包装设计中应用得最为广泛。婚礼是人生重要的礼仪之一，是民族、民俗文化的继承与传递，"金榜题名""洞房花烛"，是古代喜文化的典型，在传统婚庆礼品包装结构设计中利用剪刻技法表现"囍"文字、喜庆图案，再通过红色的搭配，传递喜庆的文化内涵，正是"囍"文化的体现。

（二）包装图形上剪纸装饰性特征的应用

包装图形是展示产品信息最直接的元素，比文字信息更易跨领域传播，包装在图形的选择上会充分考虑产品特征和定位，可以选择产品实物形象、产品直接形象和原材料形象以及装饰图形形象。在地域特色产品包装设计中，地域信息会以产地形象作为传达信息的载体，在包装中展示。

如图 4-11 至图 4-13 所示，是城步虫茶的包装设计。城步虫茶，又称三叶虫茶，是湖南城步苗寨的特色茶产品。虫茶的形成是由当地野生"斗笠芽"叶喂虫，再取虫屎制成虫茶。据研究，虫茶具有很高

图 4-11　湖湘剪纸元素应用——城步虫茶包装图案

的营养价值，城步少数民族地区虫茶制作技艺是我国茶文化中的独特创造，具有重要的文化价值。

城步虫茶在包装结构设计上选用玻璃罐装容器和布袋容器两种造型，玻璃容器可以更加直观地传递产品信息，布袋的质朴性则可以更好地传递文化内涵。在包装图案的设计上，是选择湖湘苗族剪纸中最具代表的"蝴蝶"造型进行元素提炼，并与虫、叶形象进行融合创造，配合剪纸的剪刻技法，形成极有地域特色的图形视觉，体现出城步虫茶独有的产品特征和苗族万物有灵的地域文化内涵。

图 4-12　湖湘剪纸元素应用——城步虫茶包装设计（1）

图 4-13　湖湘剪纸元素应用——城步虫茶包装设计 (2)

　　如图 4-14 至图 4-16 所示，是湖南的特色产品辣椒包装设计。湖南辣椒分为剁辣椒、干辣椒、辣椒酱、辣椒粉等产品，其中，剁辣椒是推广较好的产品。剁辣椒是将辣椒剁碎，加盐融合，再封坛保存，味道辛辣，是湖南特色佐料产品之一。湖南人喜欢辣椒，受地域气候的影响。湿热潮寒的气候，让湖南人的饮食习惯中形成无辣不欢的特点，喜欢辣椒的火辣热情，也是湖南人"吃得苦""霸得蛮""耐得烦"精神内涵的体现。

　　包装选择"苗乡剁椒"品牌中的干辣椒、剁椒产品完成设计，干辣椒在结构上选择竹筒为容器元素，竹材料天然质朴，富有地方特色，且满足干辣椒的封存要求；剁椒则选用"柱形"玻璃容器，密封盖设计，沿袭用坛封存的产品储存特征。在包装图形的设计上，选用苗族剪纸中"鱼跃"的造型元素与辣椒形象进行结合设计，造型中加入苗族女性人物形象，传递"苗乡剁椒"的品牌定位；鱼谐音"余"，是丰收、吉祥的寓意；辣椒体现火辣、红火，配上圆形构图，更能传递苗族民俗文化。

图 4-14　湖湘剪纸元素应用——苗乡剁椒包装图案设计

图 4-15　湖湘剪纸元素应用——苗乡干椒包装设计

图 4-16　湖湘剪纸元素应用——苗乡剁椒包装设计

（三）剪纸色彩象征性在包装色彩中的应用

色彩是包装视觉元素的重要元素之一，有促进销售、树立品牌的作用，剪纸在色彩的运用上讲究意象色，此类方式形成我国民间剪纸艳丽强烈的色彩特征。湖湘苗族单色剪纸中红色使用最多，在地域性、民俗性包装设计中运用红色，彰显着极具生命力和视觉冲击力的文化象征。

第五章 华丽精美的湖湘刺绣艺术与包装应用

　　湖湘地域的刺绣艺术分布较广，最为出名的主要有以省会长沙为中心的湘绣形式和以湘西为代表的苗绣。

　　湘绣是以蚕丝、硬缎以及其他各种颜色的绒线综合绣成的，整体构图饱满，色彩协调大方，融合了各种针法的表现形式，通过色线和针法的变化，使得图案构成中的动植物、人物以及山水的形态独具一格。湘绣在图案创作上，以写实表现为主，造型优美，形象生动，加上虚实变化的结构形式，将中国画中的诗词、绘画等各种艺术形式融为一体，具有"绣花花生香，绣鸟能听声，绣虎能奔跑，绣人能传神"的赞誉，也是中国四大名绣之一。

　　苗绣与湘西苗族的历史文化有着紧密的联系，其特色鲜明，最有特点的莫过于花纹图案的精美性，这些花纹图案蕴含着苗族丰富的文化底蕴，对苗绣装饰图案的美感进行总结归纳，对现代图形创作有着很大的促进和借鉴作用。

一、苗绣的图案特色

　　苗族的刺绣图案特色十分鲜明，首先它可以传递给人们统一和谐的美感，刺绣图案的色彩和样式一般都与所装饰的衣裤、鞋帽、裙褂等相统一，使得整体图案既有协调的基调，又显示出不同于其他图案的统一性。另外，在刺绣图案的组织编排上，也遵循一定的设计规律，即在各个主要部位多以图案为表现，再在周边搭配与其相统一的其他纹样，这些细节都体现了苗族刺绣图案讲究主体意识和主从和谐统一的属性。

　　苗绣中图案的构成，可以分为角纹、枝纹、坨纹、边纹和方纹五种类型。角纹可以单独应用或者和坨纹共同组合成一个完整的装饰图案，可以分为两边对称、角对称、三边对称或者自由组合集中形式，常用于背裙、围裙的纹样设计，也有一些放在手帕或者被面上作为配合角纹。枝纹是一种独立纹样的类型，如一只蝴蝶、一朵花、一条鱼、一只鸟等，在图案构成中起到修补空白的作用，让画面更加紧凑饱满。坨纹是指一种与周边毫无重复或连续的独立纹样，一般采用集中枝纹并根据一定的形式美法则组合成圆形、四边形、五边形、六边形或菱形等不规则图形。而规则形的坨纹则可以分为向内或向外发射的形式，如上下左右对称的立式纹样，上下左右相互转换方向的旋转式，围绕中心点向四周转向的回旋式等。坨纹可以运用在各种不同的地方，如组构成小花边，大的纹样可以用于大幅装饰品的中心纹样或者单独纹样，如装饰被面、门帘或枕面等。边纹是指沿着服饰周边向两端延长的纹样，可以分为直线延伸或者非直线延伸两种形式，按照组成规律又可分为对称连续、对称不连续和非对称连续这几种。边纹可以单独应用在衣服裤子的周边，或者用来作为坨纹的辅助衬托纹样。方纹是一种向四周延续循环扩大的纹样，可以分为散点式、点缀式这两种，也有一些是在花样上进行刺绣构图组成的重叠形式，方纹一般呈现出"填心"的形式，主要可分为在白衣上填充、衣服背面填充、动物图案的底纹处填充这几种，使得整个图案装饰给人整体一致的视觉感受。

从苗族刺绣的整体构成特色来看，其服饰图案的构成非常注意个体及局部纹样的完整性，因此在进行纹样设计的时候，首先要考虑服饰刺绣图案的个体单位。个体单位可以是单个图案，也可以是各个不同的小单元纹样组合体，这种形式以几何形图案中表现最为突出。另外，苗族的服饰图案是具有多层次的美学特点的，它根据个体、局部和整体的层次一一进行布置，体现了苗族服饰艺术整体、和谐、多样变化的美学特点。

二、苗绣的艺术美感

苗绣具有自然灵秀的艺术美感，它借助各种丰富的物体来传递吉祥喜庆、爱情友情等美好的祝愿，表达了苗族居民对于美好生活的向往，可以看成是苗族人民对于大自然的一首赞歌。而"万物有灵"的神灵崇拜是苗族居民对于自然界万物在精神领域的认知，他们认为自然界一切生物都有"灵性"，这种"灵性"也可以通过图案的形式赋予人类，为人类带来祸福。这种观念深深地渗透到苗族居民的生活习俗和精神诉求中，也在苗绣中得以体现，因此，苗绣的装饰图案整体都充盈着灵秀之美。

苗绣当中的装饰图案题材来源于生活，它是对人们审美观念的具象再现，苗绣中的图案类型大多选择一些动植物纹样和表现苗族先民迁徙史的图形，人物纹样出现得非常少，如图5-1、图5-2所示。在这些类型的纹样中，动物纹样又常采用飞鸟、鱼虾、蝴蝶以及蟠龙等，植物纹样则常运用莲花、梅花、桃花、牡丹、石榴等。还有一些表现苗族的溯源史、迁徙史的，如苗王印、江河波浪、蝴蝶花，还有骏马飞腾等纹样，如图5-3所示，这类图案比较具有典型的现代主义色彩，造型生动而又夸张。在进行应用时，会按照艺术美感的要求，根据生产工艺制作的特点来进行加工，因此具有大胆夸张的幻想色彩，在装饰表现中会增强或削弱某些特色部分，让其呈现的艺术效果比真实生活的场景更鲜明美好。苗绣的各种图案题材都体现了苗族妇女对于现实生活的希冀，如在服饰上绣花鸟蝴蝶，主要希望得到自然界这些美丽的动植物"灵性"的附着；而在服饰上绣上鱼、蛙等图案，主要是希望像这些动物一样有多产卵的能力，以求多生子女、家丁兴旺。另外，苗族妇女还常在小孩的帽子上绣一些"龙凤"的纹样，主要是希望这些传说中的神灵能保佑自己的小孩长得更加强壮结实。因此，通过苗绣的图案组成，可以充分感受到在苗族居民的自然观念中已经将"万物有灵"的古巫文化与自身理念充分融合，并表现到他们日常的现实生活及精神生活之中。

图 5-1　苗绣——福寿

图 5-2　苗绣——凤穿牡丹

　　苗绣的图案是整个民族独有的精神世界的象征，"万物有灵"的宗教信仰，主宰了苗族居民的精神世界，因此在苗族各个庆典活动中、苗民服饰的刺绣图案应用上，也浸透着流传至今的各种神话传说。湖湘苗绣表现了当地苗民对于自然的崇拜，当地的苗族居民世世代代在湘西这片深山峻岭中生活、繁衍，并在大自然中聚居、耕种、狩猎，使得他们对于这片生长的环境有着很强的依赖性和热爱之情。于是，苗族的姑娘们凭借数百年来世代相传的刺绣技艺，将苗族传统的古歌、传说等，将各种日月山川、动物花草等编成一个个动人的故事，变成服饰上绣绘的大自然场景以及人类与自然和谐相处的景致。苗绣中各种装饰图案还擅长运用不同的人物、动物、植物、日月风云等元素，或以神话故事为创作题材，运用色彩、构图、造型等基本元素，再通过象征、比喻、夸张、比拟等装饰表现手法，创作出图形和寓意相结合的艺术形式，并在苗族居民的服装首饰以及日常用品中得以广泛应用。苗绣的图案形式主要是由许多基本规则的几何形组成，花草类植物纹样较少，并以五色彩线编织而成，基本图形大多为方型、十字形、菱形等。苗族妇女们在刺绣时大多都不需要画草图打底稿，全靠口传相授的娴熟技艺以及自己的悟性和记

图 5-3 苗绣——蝴蝶花

忆力来对着织布进行挑绣。正是在她们丰富的想象力下，各种各样不同的单独图案被巧妙地进行布局组合，最终形成一件件完美精致的绣品，色彩和图案和谐统一、美观大方。从这些苗绣的精美造型中可以看出苗族居民对于生活的热爱、对于自然美的追崇以及对未来的无限想象。

苗绣作品中同时还反映出苗族居民对于祖先崇尚的文化特性。传说中，苗族先人蚩尤是头上长角、手上持着枫木杖的神人，而长着角的龙和枫树的图案也就成为苗族妇女喜爱绣制的纹样类型，她们认为这些图案都是与祖先紧密关联，通过这种神物和神树的形象能帮助她们与祖先进行沟通，因此这些图案经常出现在苗族妇女的绣品之中，也是希望通过这些图案与先人进行交流，希望得到他们的庇护。

湖湘苗绣还具有包容融合的个性特点。这源于湖湘苗绣以湘西一带最为集中，这里的少数民族居民的艺术审美是他们自我思想意识和审美感受的凝聚，有着强烈的共通性和民俗性。同时，苗族居民居住的地域范围较广泛，尤其在湘西地区，苗族与其他各民族如土家族、汉族等居民混合而居，这种错局杂处的居住状态使得各族居民在社会经济和艺术文化上都有着较深的交流渗透，而美学观念也深受其影响，这种影响又在历史发展的长河中发展改变，由此也造成了苗族服饰中图案纹样的不断变化，不断地呈现出相互影响、不断交融的互补格局。同时，深受汉族文化的影响，湘西一带苗族居民的经济水平和文化层次都比其他地域的苗民要先进很多。在与汉族文化的碰撞、交汇、改变中，苗绣的艺术表现及收了汉族文化中浪漫积极的部分，又在这个基础上不断创新发展，融入自我个性表现，加强了苗族居民民族精神的传递。尤其是苗族居民那种质朴善良、乐观向上等传统美德，在这些富有民族特色的苗绣纹样设计中体现得淋漓尽致。与此同时，苗绣中的装饰性、内容题材和形式特色也深受文人文化的影响，在近代的发展中，融入了现代设计表现成分。更重要的是，苗绣中的装饰图案是在保持苗族民族个性的基础上进行变化的。苗族的刺绣图案与服装的整体设计是相互依附的关系，也体现了服饰设计中装饰性和实用性的统一，表现了苗族居民独有的审美性和古朴的宗教信仰意识，也反映了他们多民族交融的和谐美感，是苗族居民文化、历史、艺术三者的共生与现，如图5-4所示。

图 5-4　苗绣图案在服饰上的应用

苗族姑娘们自年少时就开始学习刺绣、蜡染、编织等技艺，磨炼了自我的细致性和耐心度，她们把祖辈们流传下来的故事和诗集一代代接力传承下去，本民族独有的各种代表性色彩和和谐的图案绘制为苗族服饰留下了其特有的印记。苗族的刺绣图案蕴含着深厚的文化底蕴，具有深邃的文化内涵。从它派生出的各种服饰组合纹样中可以看出服饰图案的每个部分都是苗族妇女精心创作的，代表着苗族数百年来的文化沉淀和当地居民对于美好生活的向往。苗绣也是中国传统文化的深刻体现，是民族文化传承的载体，在湖湘苗绣中所呈现出的人与自然的和谐共存也是今天大家致力追求的。

三、湖湘苗绣在包装设计中的应用

湖湘苗绣在包装设计中的应用以图案构成形式体现了地域特色。图案的构成由纹样组织和装饰构图组成，图案在实际的应用过程中，传递的功能不同，在构成形式上也各具特色。图案常用的应用形式有单独纹样、适合纹样、连续纹样、综合纹样四大类。单独纹样是指一个独立的个体纹样造型表现形式，在表现上不受任何外形的约束，在艺术表现上形态自然、结构完整。适合纹样，是指图案在表现形式上受一定外形轮廓制约的图案构成形式，"适形"和严谨是它最大的特征，适合纹样中以圆形、方形等几何形最为常见。连续纹样，分为二方连续和四方连续，是由一个或几个基本图案连续有规律地持续扩张，形成较大面积纹样的图案构成。综合纹样则是两种或三种纹样形式组合在一起的构成形式。

湖湘苗族刺绣最先起源于护身装饰，然后发展成描、画装饰，在铁针出现以后，逐步发展成凿花和绣花。苗族的刺绣基本由家庭妇女完成，因而绣品千姿百态，呈多样化的特征。苗绣纹样的题材由记录民族发展历史、吉祥祝愿、源于生活的艺术内容以及对美好生活的憧憬组成。素材内容分为植物、动物、人物、天象、器物、符号等，体现了对真、善、美的追求，表达了内心的向往与祈求，如图腾崇拜的"蝴蝶妈妈图"、爱情题材的"鸳鸯戏水图"、记录民族发展的"开天辟地图"等。

湖湘苗绣图形与纹饰具有丰富的变化，纹样的形式有几何纹、花纹、动物纹等。在图案的构成形式上由几何适合纹，二方连续的边纹、枝纹，匀称的角隅纹样和稚拙活泼的单独纹样组成。

连续纹样是湖湘苗绣图案类型里常用的表现方式，在苗绣的祈子延寿题材中就展现出许多优秀的连续纹样，如"双凤戏珠""松鼠葡萄"。苗族地方特色产品包装是苗绣连续纹样的应用表现之一，刺绣纹样应用的范围比较广泛，不仅在苗族银饰、苗族绣品、苗族花带等特色地域产品上有所表现，同时，也会应用在传统糕点、现代首饰等包装中。

连续纹样在包装设计中的应用有两种途径，第一，利用苗绣的纹样重组形成新的图形，再按照连续纹样的构成规则，布局图形，此类图形应用在包装的主要展示面；第二，利用几何造型形成连续带状造型，应用在包装设计侧面或主要展示面的边角，起到装饰和呼应的作用。如图5-5、图5-6所示，是苗疆姜糖包装设计，姜糖是湖南湘西凤凰地区的特色食品，提炼姜汁与糖混合而成，口感甜辣，有散寒去湿的作用。苗疆姜糖，在销售包装中选择蝴蝶几何纹构成连续纹样，布局在包装侧面，增加装饰性，对包装主体图

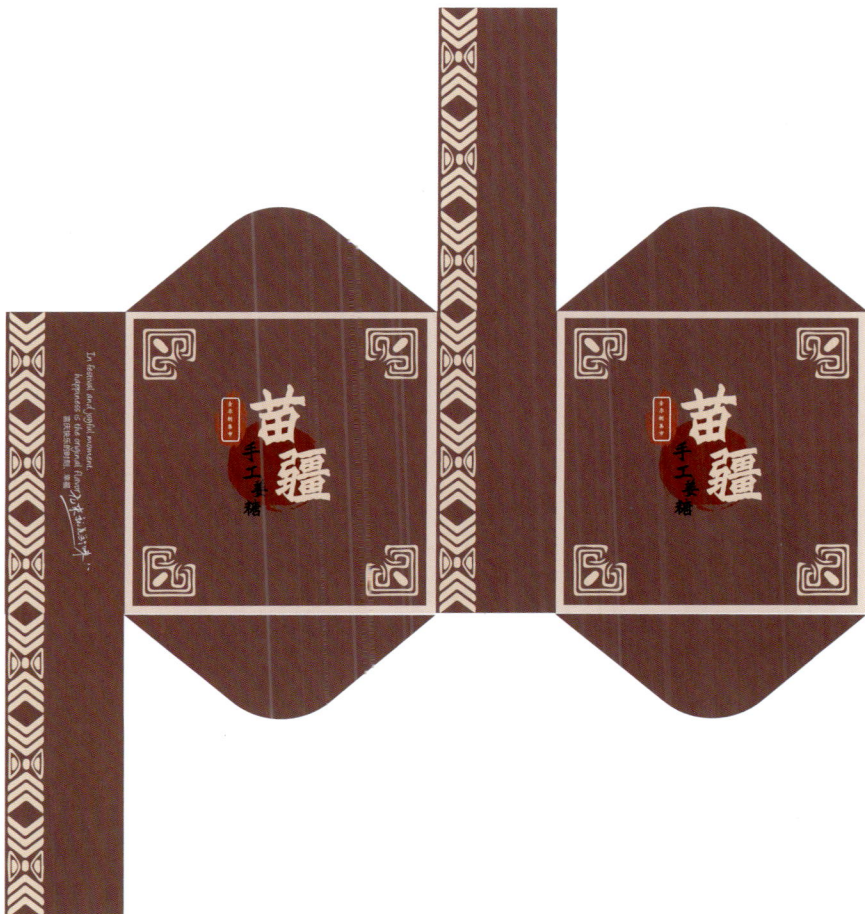

图 5-5　苗疆姜糖包装设计（1）

形起到辅助作用。

　　湖湘苗绣中适合的构成形式非常多，适合纹样最大的特征在于纹样内部的所有造型需要适用在外部物品的外形中，以云肩为例。云肩是中国传统服饰文化中的典型代表，起源于宗教服饰，后被汉族女性服饰吸收借鉴，在少数民族服饰中也比较常见。云肩造型丰富，刺绣图案华美，色彩绚丽特征。另外，在苗族的枕顶、背裙、围兜等物品上，也出现了许多精美绝伦的适合纹样。

图 5-6　苗疆姜糖包装设计 (2)

适合纹样具有视觉集中、吸引力强的特征，符合版式设计视觉规律，所以适合纹样是包装图形元素中最常见的表现形式，在实际案例中多采用苗绣纹样再设计的方式，选取湖湘苗绣中优秀的适合纹样素材进行线面构成的表现。

苗族银饰是苗族文化的综合体，是族群标志与家族财富的象征。苗族银饰是极具地域特色的饰品，以种类繁多、造型精美的特点形成独特的地方银饰文化，分为头饰、颈饰、手饰、腰饰、胸背饰、脚饰等。如图 5-7 至图 5-9 所示，是苗族银饰包装设计，包装中选择项链和长命锁两类产品，项链包装选择"鸳鸯戏荷"等纹样，借用图案造型体现美好憧憬，再选用布袋作为包装容器的形式，布有质朴的质感，搭配上适合纹样的表现，具有典型的地域特色；长命锁是打造成锁形的装饰物，包装利用人形娃娃与虎形元素组合的圆形适合纹样，体现了人们的美好愿望。

双锦鸡纹　　　　　　　　鸳鸯戏荷纹　　　　　　　　鱼戏莲纹

图 5-7　银饰包装设计图案

双锦鸡纹

鸳鸯戏荷纹

鱼戏莲纹

图 5-8　银饰包装设计(1)

图 5-9　银饰包装设计(2)

第六章 纯朴稚拙的湖湘石刻石雕艺术与包装应用

石刻石雕艺术的历史可以追溯到自人类最早有了生活起居伊始。迄今为止，在人类发展出的千百种艺术形式中，石刻石雕可谓是最古老的艺术类型了，因为其材质的耐磨耐腐性，也使得石刻石雕艺术成为经久不衰的一种艺术表现形式。

湖湘的石刻石雕艺术丰富多彩，尤其在湘西南一带，石刻石雕艺术更为出名，这主要源于这一带地域山石较多，因此当地居民尤其喜欢以石雕作为日常装饰。当地有句民谣称"东安牌楼西安塔，宝庆狮子盖长沙"，就充分说明了以宝庆为代表的湘西南一带，石刻石雕的制作技艺高超，名气显赫。湘西南石刻石雕艺术因其悠久的历史、丰富的类别、深厚的内涵以及浓郁的地域特色，成为我国民间美术中的重要组成部分。

湘西南所处的地域经济落后，位置偏远，因此用于雕刻的石料大多都是取自本地，且是当地雕刻艺人在有限的环境条件下，完全凭借自身高超的雕刻水平创作出来的。湘西南的古石刻石雕作品常见于当地的石牌坊、祠堂庙宇和一些民居建筑当中，由于石材既耐磨又能防水防潮，因此在湘西南一带的民居中常用作房屋中受力和防潮的主要部件。湘西南境内的石刻石雕作品具有明显的乡土气息，也存在一定的地域特性，一般来说，汉族居民居住区的石雕作品更为精致细腻，而少数民族居住区的石雕作品则更为纯朴稚拙，表现手法上更加简洁单纯。

一、湘西南石刻石雕的主要表现形式

湘西南石刻石雕的主要形式可以分为以下几种类型。

（一）阴刻形式

阴刻指的是用线描的方式来刻画人物的主体表面形态，这是石刻石雕艺术中常见的一种表现手法，呈现的效果和国画工笔中的"线描"相一致，也就是用纯线条的形式来对对象进行表现。阴刻可以分为深刻和浅刻这两种，深刻主要是指刻画的痕迹较深，对象的刻痕凹凸分明，常用于一些碑刻中书法作品的轮廓表现；浅刻主要是指刻痕较浅的一种表现方式，多用于表现事物的细节部分，比如植物的脉络或者动物的羽毛等。对于一些比较简单的图形刻画，也常采用将纹样直接绘画到石料表面，再进行处理的方式来刻画。而对于一些相对比较复杂的图案，则需要在纸张上先打好底稿，然后用小针在底稿上沿着轮廓线扎出一圈针眼，再把画稿平铺到石头上，使用棉花沾上一些色粉顺着针眼所在位置反复进行扑打，以便在石料上留下底稿上所描绘的轮廓痕迹。这时就可以用锤子和铁凿在这个轮廓痕迹线的位置凿出浅浅的印记，最后再把这个浅浅的凿痕不断加深，使图案更加清晰明了。

（二）浮雕形式

浮雕也是石刻石雕工艺中常见的一种表现方法，主要是通过对石料进行压缩的方式，让石料形成各种厚薄程度不一、凹凸不等的表面，然后再凭借光影透视变化来营造出立体的效果，如图 6-1 所示。一般浮雕的装饰方式都会以平面形态来表现，根据浮雕表面凹凸厚薄的程度，又可以把浮雕形式划分为浅浮雕和高浮雕两种。浅浮雕主要是在石料表面进行平面雕刻，因此凹凸程度较小，交叉层次也比较少，这种表现方式常结合线刻的工艺技法来描绘事物，因此形体的平面装饰感较强。浅浮雕对形体线条的流畅性要求很高，需要在石头上刻画出类似于纸面绘画一般的效果，如图 6-2、图 6-3 所示。而高浮雕虽然也是在石头的平面展示上进行的形体压缩雕刻工艺，但是这种形式的压缩程度相对较低，表现对象的

图 6-1　曾氏祠堂门头浮雕

图 6-2　浅浮雕底座（1）

图 6-3　浅浮雕底座（2）

凹凸程度比较大，因此立体感非常强，而且具有丰富的层次感。高浮雕可以看作是浮雕的平面展示，又具有圆雕的三维立体感。总的来说，浮雕的制作程序可以大致分为四个步骤：首先是进行"凿线"，这一步骤类似于阴刻的工艺方式，主要就是用工具对物体轮廓进行描刻；第二步是"凿线"，即将轮廓线用线刻的方式雕琢出来；第三步是"过细"，也就是在物体的雏形上将图案的细节精细化、细腻化；第四步是"修光"，即将已经完成的图案边缘修缮完整，如图6-4所示。

图6-4　高浮雕柱础石

（三）透雕形式

透雕的方式是介于浮雕和圆雕之间的一种雕刻手法。即保留浮雕中凸起部分，再将凸起的部分以外的背景进行镂空，这样由于浮雕背景被镂空了，使得作品具有强烈的立体视觉感。透雕又可以分为单、双面透雕两种形式。单面透雕主面展示部分进行装饰，而背面则一般不做处理；双面透雕则会将物体正反两面都进行雕刻，两面雕刻装饰的图案一般都趋向一致，也可以在正反面雕刻上不一样的图案装饰，从而没有正反面差异。透雕的作品一般会刻画在栏杆、牌坊或漏窗等建筑结构中，具有强烈的立体化装饰效果。透雕的制作流程与浮雕类似，只是需要对画面中一些部分进行掏空处理，因此细节的处理显得更为精致。

（四）圆雕形式

圆雕形式是最趋向于立体的三维雕刻形式，也可以看作是一种非压缩的雕刻，是对前后左右四个方向都完整进行雕刻的立体形象，也给受众提供了可以多角度欣赏的可能，如图6-5、图6-6所示。

圆雕的制作方式可以分为以下几个步骤：首先，要对物体进行"打坯"，也就是根据画稿来确定圆雕作品的体格，将石料打制成大致的大小。对于一些大型的圆雕作品，则需要用泥土来进行"打样"。"打样"的时候首先要用泥土捏好大致的"泥稿"。然后参照捏好的"泥稿"，再在石料上进行刻画，也就是"打坯"。接着就要进行"粗坯"的凿刻，先在石料上把大概的物体轮廓用笔描绘出来，然后再将多余的部分用锤子剔除，将大体的比例形态关系、动态转折方向用凿子凿刻好之后，就可以进行第三个步骤"打细"，也就是用比较小的圆凿和平凿工具对物体的细节部分进行雕琢，把物体的形体特征、虚实关系和结构比例刻画准确后，就是最后一个步骤"抛光"。即在对物体进行"打细"的基础上再一步加工，进行精细化处理，把物体表面的刀刻痕迹去除，然后使其细节部分更加清晰，整个作品呈现给人一种光洁干净的视觉感受。

图6-5　曾氏祠堂石雕

图 6-6 石狮子

（五）镂空雕

镂空雕主要是结合浮雕、圆雕和透雕三种表现方式的综合技法，它与透雕之间的区别在于，透雕是对物体的正面或者正反两面同时进行雕刻，而镂空雕则是对物体的上下左右全方面都进行雕刻。它与圆雕也有较大的差别，从表现形式上来看，镂空雕更近似于平面雕刻，而圆雕则是一种三位立体雕刻的形态。

但是从技术难易程度上来看，镂空雕是一种具有高难度技术表现的雕刻方式，因为其内部表现的镂空处常常会雕刻上多层物体，形成具有多层展示效果的镂空雕形式，有的作品内部甚至有五六层镂空雕刻，形成强烈的空间感。由于这种雕刻技法的难度之高，常常需要艺人有多年的技术经验积累，并需要具有非常高超的雕刻整体把控能力和精湛的技艺水平。一般镂空雕在民居建筑中出现较少，因为其制作工艺较为复杂，耗费的时间和金钱都较高，所以常出现在一些规模较大的祠堂、庙宇等门楣上以及一些石牌楼装饰中。

二、湘西南石刻石雕的主要类型

（一）石牌坊

这是湖湘传统建筑中常见的一种建筑类型，主要以石材作为主要原材料的牌坊形式，是用二表彰一些功勋或忠孝节义的事件所建立的建筑形式，也有些是被寺庙等作为山门或者用来标注地名。总的来说，牌坊是隶属于祠堂的建筑物类型，可以为众人告示家族祖先的丰功伟绩，也可以用来进行祭祖，因此，牌坊历来都是中国传统文化的象征。

石牌坊的组成可以分为字匾、龙凤牌、华拱、石窗等。不同的组成部分具有不同的功能和含义，如图 6-7 所示。

图 6-7　曾氏祠堂门牌坊

龙凤牌是指在得到皇帝的敕令之后，在颁发的圣旨牌周围采用镂空的龙凤图案环绕，最后形成"龙凤捧圣旨"的装饰形式。

字匾也是牌坊内容性质以及其他信息透露的主要部分之一，常放置在牌坊正中和额枋之间。一般来说，字匾的多少与牌坊的大小相关，如四柱三门的牌坊，大多由两到四块字匾组成。字匾大多以阴刻的形式进行表现，主要内容是"宗祠""节孝坊"等。

（二）石塔

石塔是运用各种石料堆砌雕刻成的建筑物，最初主要用来收藏或供奉佛骨、佛经等，因此也被称为"佛塔"。在14世纪以后，石塔逐渐被世俗化，与一些木楼、石阙等建筑形式结合起来，形成了中国特定风格表现的传统建筑形态。

（三）石门

石门也是中国传统建筑的一个重要形式，其构成部分主要包括门框、门楣、门枕、门扇等，这些组成部分都有许多不同类型的雕刻。如门框上一般会雕刻上一些文字对联，在一些姓氏宗祠的石门上，对联的主要内容就是家族名人的故事、历史和道德品质等内容，而民居大门上张贴的对联形式比较随意，内容多以吉祥美好的寓意为主。在一些大的宗祠和寺庙当中，门楣部分是装饰的重点，因此也是石刻石雕最为精美华丽的部分，这个部分会综合运用高浮雕、镂空雕等多种表现方式，以各路神仙、龙凤麒麟等福瑞纹样为主，门楣的底面多装饰一些太极图、蝙蝠图等浅浮雕纹样。

门槛上也常会雕刻上许多线雕、浅浮雕等图案装饰，主要为了在起到较好的承重作用的同时，让其具有较好的装饰效果。门枕石也是以浅浮雕的表现形式为主，具有良好的视觉感受。

三、湖湘石刻石雕在包装设计中的应用

产品包装中以雕刻、肌理效果对湖湘石雕艺术的提炼，呈现出古朴的美感。湖南地处长江以南，地形地貌结构复杂，分别由平原、丘陵、山丘、山地、高原山组成，山地丘陵地貌使得湖南境内的石材资源优越。其中，张家界国家森林公园里怪石嶙峋，奇特无比，地质资源十分丰富。勤劳智慧的湖湘人民在生活实践中开采天然石材，融合地域的审美意向，创造了辉煌的石雕文化。

湖湘石雕艺术在包装上的实践应用体现在包装的容器设计上。包装容器有瓶、杯、壶、盖、缸、罐、坛等形态，常用材质是陶瓷、玻璃、塑料、金属、自然材料以及合成材料；造型在设计上体现在盖、颈、肩、胸腹和足部，盖形是容器重要的组成部分，设计时需要考虑器口大小和颈的长短；容器颈线的走向受到内容物的限制，肩部及胸腹位置是整个容器的主体部分，功能与审美的线形以及雕刻表现都集中在此处。

其中，最具代表性的有酒鬼酒股份有限公司的"湘泉酒""酒鬼酒""内参酒"的容器包装，如图6-8至图6-11所示，在白酒包装中尽显纯净质朴美。这三款包装均是"画坛鬼才"黄永玉先生的设计。"湘泉酒"包装是紫砂陶，呈土赭色，在容器的胸腹上部有5条宽大的刻痕线，如同琴弦一般；"酒鬼酒"

图 6-8 "湘泉酒"包装设计

图 6-9 "酒鬼酒"包装设计（1）

容器则是粗麻纹理的交织刻画表现，粗麻满袋后的形态便是酒鬼酒的包装造型；"内参酒"容器是由传统油皮纸造型结构和纸质纹理组成，"内参"二字选用红底黑字，如同红纸粘贴，体现地域包装的特色，取名"内参"是因为内参酒为酒鬼酒公司的高端酒品，为体现物以稀为贵的特点，有喝一瓶少一瓶的含义。黄永玉先生的这几款白酒包装是中国白酒陶瓷容器最典型的代表，在容器线条、纹理的自然刻画体现了湘西酒包装的质朴美。此外，湘窖酒业的经典五星开口笑包装容器也很经典，酒滴状的外形，搭配弥勒佛慈眉善目、笑口常开的雕刻造型，让整个包装极富本土质朴特色。

图 6-10 "内参酒"包装设计

图 6-11　"酒鬼酒"包装设计(2)

第七章 生动质朴的湖湘年画艺术与包装应用

　　木版年画是一项历史优秀的民间美术形式，而湖湘木版年画尤以隆回滩头为代表，隆回滩头年画作为今天湖南省唯一的手工木版年画，被誉为中国"四大年画"之一。传统的门神画就是滩头年画最初的原型，滩头年画最早兴起于清代雍正、乾隆年间，发展至今已有两百多年的历史。发展最为鼎盛的时期，在滩头镇就有108家制作年画的作坊，还有2000多人专门从事年画制作，有60多种不同的模板类型。制作好的年画产品曾远销江西、广东、山西、贵州以及中国香港等地，年销量达到七百多万张。

　　滩头年画的表现内容大多都是以祝福祈年或消灾解难等寓意为主，反映出当地农民的感情、愿望和审美情趣，体现了人们对于美好生活的向往。按照表现内容划分，可以将滩头年画分为神像、吉祥如意、辟邪祈福和故事描述几种。如表现吉祥如意的"龙凤呈祥""大寿桃""榴开百子"等，表现辟邪祈福的"秦琼敬德"等，还有神话故事的题材如"老鼠嫁女""西湖借伞"等。

一、滩头年画的民俗内涵

　　在滩头年画所有作品中，具有代表性的作品之一就是《老鼠娶亲》，如图7-1所示。该作品曾在中国木版年画艺术节中获得全国非物质文化遗产木版年画传承奖。早在20世纪30年代，鲁迅就曾关注过它，并搜集和保存了这幅年画作品。该作品用拟人的形式来进行表现，让形象更加生动完整，老鼠们有的抬着轿子，有的扛着牌子，还有的在鸣金奏乐或送鸡送鱼，神态各异，而迎亲的却是它们的死敌——猫，画面中的猫造型高大，笑眯了眼，与老鼠的形态形成强烈反差，让人感受到一股喜剧美感，神韵非常突出，这种夸张讽刺的手法表现了作者对社会风气的愤愤不平。年画整体设计色彩鲜艳，造型古拙有趣，老鼠的形态憨厚灵动，有着古朴稚拙的艺术气息。

　　滩头年画的制作材料是相当考究的，首先用于印制年画的纸张必须采用本地生产的滩头古纸，因为这种古纸具有良好的色彩附着力，能将滩头年画艳丽的色彩表现得淋漓尽致。另外，年画的画版则是采用本地所产的梨木雕刻制成的。滩头年画的制作结合了雕版印刷和手绘两种表现形式，手绘主要是用于人物脸部绘制，也就是人们所说的"开脸"，如人物面部和嘴唇的红色渲染、胡须的黑笔勾勒等。一张年画的制作生产囊括了20多项工序，要经过绘制、刻板、套印、修描等工艺，使用高纯度的三原色套印（三

图 7-1　滩头年画——老鼠娶亲

原色是指红、黄、蓝，在滩头年画中的则是红、金黄、兰），然后辅助以绿、青、紫等色。既以暖色为主，又注重大面积的冷暖变化，通过这种对比关系，让画面更加单纯、明快，具有强烈的喜庆吉祥气氛。

绘制年画时需要用到的颜料大部分都是在植物以及其他中药、矿物质中提取的，如苏木红经过熬水后可以得到水红色颜料，用槐米与明矾共同熬煮可以得到槐黄色，用铅粉能提炼出来单章色等。滩头年画中使用的色版虽然很有限，没有今天电脑年画绘制的色彩那么丰富，但是其纯朴艳丽的风格依然具有独一无二的魅力。

二、滩头年画的艺术情感

滩头年画作为传统民间艺术，它的图案设计、版面刻画都寄托着民间美术气息，也传达了当地百姓对于幸福生活的向往和独有的审美理念。滩头年画的制作者和使用者都是普通的劳动群众，因此滩头年画在功能性上主要是满足这些普通群众的审美需求和情感需要。年画经过漫长的发展，最终形成了今天我们看到的这种表现形式和图案构成，从中也可以更好地反映出人们的民族美感。劳动群众来源于生活的审美感受也让滩头年画更具民俗象征意义。滩头年画的图案题材主要与各种神灵及吉祥寓意的纹样、戏剧人物相关，颜色的选择和图案的表现参考了壁画的绘制手法，线条十分粗犷，构图饱满，造型夸张，色彩艳丽，具有浓郁的乡土地域气息和质朴的风格。

滩头年画的色彩运用是其一大特色，在进行色彩运用时对比鲜明，显得非常厚重，同时制作者在运用色彩时，全靠多年的绘制经验和自己的感觉来设定，并没有特定的调色法去遵循。但是总的来说，滩头年画的主体色调为红色，主要因为红色代表着吉祥喜庆以及富贵之意，能传递出中国传统春节的欢乐气氛，有利于人与人之间情感的维系。

三、滩头年画独特的造型语言

滩头年画从造型语言上来看，常采用简练大方的方式进行任务的刻画，整体形态呈现出夸张神似的特点，如门神"秦叔宝"和"尉迟敬德"的年画人物刻画，如图7-2所示，虽然也依照传统的四头身比例进行绘制，但是具体的细节部分，如大刀眉、圆滚滚的眼球、宽阔的鼻翼、刚健的四肢和身上穿着的胄甲、皂靴等，组合起来使得门神的形态巍峨雄武，栩栩如生。这些形象的创造也都与滩头年画的制作工艺特点相关。滩头年画雕版制作是一个关键环节，雕版制作时最大的难度在于线版的刻制。在刻制线版时，线条一定要垂直而立且深度恰当，这样线版才能经得起年画数千上万次的重复印刷，具有较高的耐磨性，不易变形走样，因此滩头年画线版雕刻时，要求进行"陡刀立线"，可谓对刀工有相当高的要求。再者，滩头年画在进行套印后，还需要具有丰富经验的老艺人对人物面部进行"开脸"，也就是对面部关键部分进行着色渲染，这是滩头年画绘制的最后一道工序，在制作中起到"画龙点睛"的重要作用。

图7-2 滩头年画——秦叔宝

四、滩头年画的文化特征

滩头年画经过数百年的发展演变，吸纳兼容了楚南地区多样化的民俗文化内涵，并在此基础上兼收并蓄、博采众长，逐渐形成了独特的艺术特色。如滩头年画原生态又具乡土化的表现方式，复杂独特的工艺形式，都让滩头年画作品充满着浮雕般的艺术表现效果。

另外，滩头年画在形态塑造上，力求"神似"而不求"形似"的表现手法，使得滩头年画当中形体的塑造与现实的比例差别较大，如"和气致祥"是滩头年画中神韵表达的代表作之一，如图7-3所示，这种鉴于似与不似之间的表现手法，让其充满个性夸张、粗犷古朴的造型特色。

图7-3　滩头年画——和气致祥

在色彩的运用上，滩头年画以艳丽强烈为其特色表现，如"表姐赠珠"和"诸事如意"，通过紫色、黄色、橘色、绿色、青色与其同类色和近似色相互搭配，合理分布，使得滩头年画的整体色彩显得艳而不俗，这种强烈的冷暖对比，具有很强的视觉穿透力，也给人热烈、欢快的视觉感染力，如图7-4、图7-5所示。

图7-4　滩头年画色彩表现

　　滩头年画在整体构图上具有"以少胜多"的艺术特色，整体形态简洁大方，又集中富有变化，通过图底之间的疏密变化以及对于图形细节处的细腻表现，体现了滩头年画中完美的构图法则。

图 7-5　滩头年画——诸事如意

在线条的运用上，滩头年画的线条刻画显得刚健有力，运用性强，富有较强的装饰性，比如"杨震拒金""一钱太守"人物的五官刻画、衣带处理等，粗细变化合理运用，线条虚实得当，更加突出了滩头年画的个性特点，如图7-6、图7-7所示。

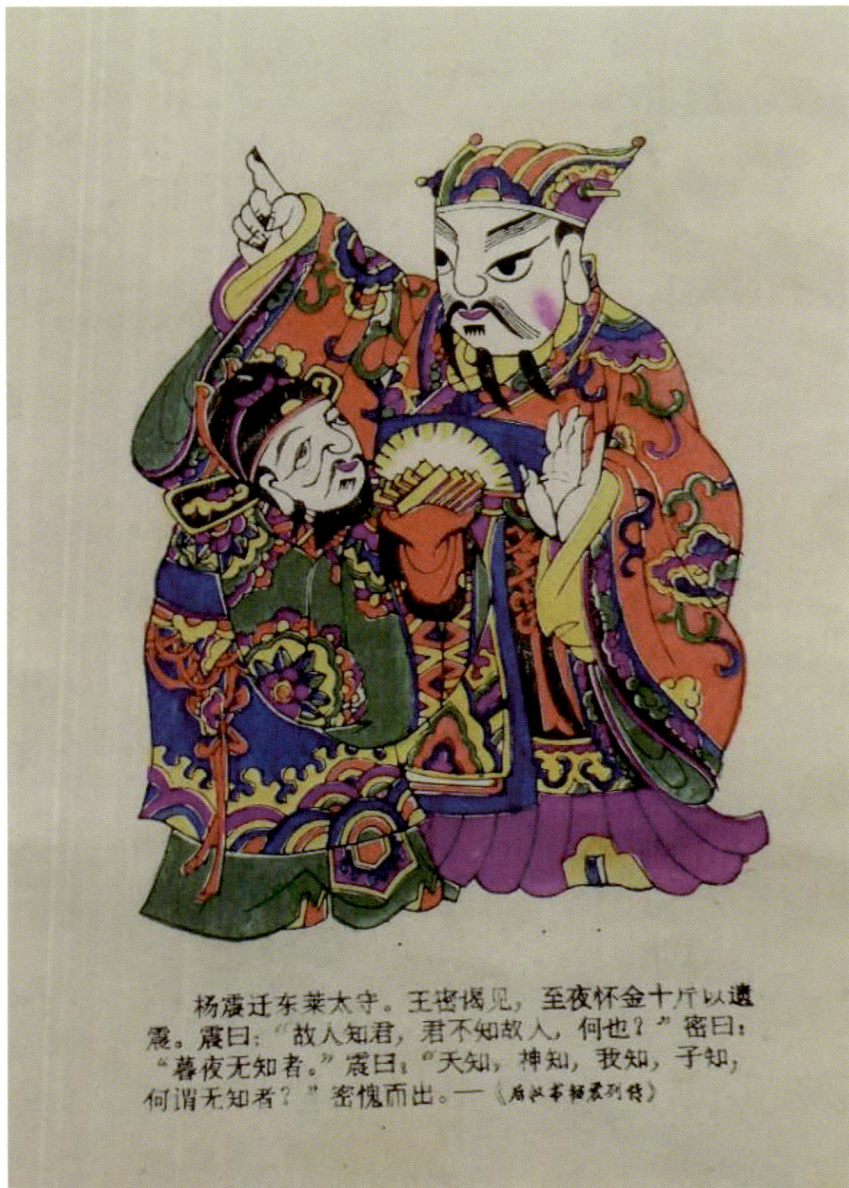

图7-6　滩头年画——杨震拒金

图 7-7　潍头年画——一钱太守

总的来说，滩头年画独具一格的创作形式和艺术风格，今天仍然保持着迷人的个性魅力，凸显了其旺盛的艺术价值。它的绘制工艺和造型特色都包含着地域民族文化精神，反映了湖湘农民单纯朴实、乐观向上的情感特征，对湖湘其他民间美术创作起到了深远的关联作用，具有深厚的理论价值以及艺术价值。

五、湖湘滩头年画艺术在包装设计中的应用

滩头年画是湖湘最具代表性的木版年画，在题材内容上表达的多是民众日常生活中对美好意愿的情感诉求。滩头年画在造型上以刚劲的线条、粗犷的形象来强调装饰意味；色彩上采用纯度高，对比鲜艳的配色手法。

随着时代的变迁，滩头年画的应用形式也呈多元化发展，滩头年画也被应用到地域产品的包装传播、文创产品的设计、旅游纪念品的设计中。2018年春节，滩头年画在"年画重回归年味"的活动中，展现了一系列滩头年画花灯，传统题材的"门神""和气致祥""一钱太守"都以花灯的形式出现在了大众视野中，体现了滩头年画新的传播探索，如图7-8、图7-9所示。

图 7-8　滩头年画花灯包装设计应用

图 7-9 滩头年画灯饰应用

　　包装视觉也是滩头年画元素应用推广的途径之一，滩头年画在包装中的应用主要体现在地域产品包装和文创类产品包装中。滩头年画元素从题材、造型、色彩等各方面在包装设计中得到应用。如图 7-10 所示，滩头年画土纸包装，又称滩头五色纸，是利用本地盛产的嫩楠竹生产的纸张，再利用木板年画印刷彩色花纹制成。这款包装结合纸质的储存运输特征，以条状标签作为包装视觉元素的设计载体，选择最具艺术特色的"老鼠娶亲"为包装图形载体。

图 7-10　滩头土纸包装设计

　　图 7-11 至图 7-14 所示为滩头年画文创系列产品的包装设计应用实践。其设计初衷是想在年轻群体中建立起滩头年画的文化印象，所以选择流通效率高的帆布包和马克杯来进行。首先将传统题材的"秦叔宝"和"尉迟恭"门神年画元素，进行元素几何化的设计，形成更符合年轻群体的审美形象，并将其应用在产品外观上。在包装图形的设计中，采取几何布局与年画提取的表现风格，让整个包装不仅富有地域文化内涵，还具有现代审美情趣。

图 7-11　滩头年画文创系列包装应用（1）

图 7-12　滩头年画文创系列包装应用(2)

图 7-13　滩头年画文创系列包装应用(3)

图 7-14　滩头年画文创系列包装应用(4)

参考文献

[1] 邵阳市地方志编纂委员会. 邵阳市志 [M]. 长沙：湖南人民出版社，1997.

[2] 邵阳县志编纂委员会. 邵阳县志 [M]. 北京：社会科学文献出版社，1993.

[3] 武冈县志编委会. 武冈县志 [M]. 北京：中华书局，1997.

[4] 城步苗族自治县志编纂委员会. 城步县志 [M]. 长沙：湖南出版社，1996.

[5] 绥宁县志编纂委员会. 绥宁县志 [M]. 北京：方志出版社，1997.

[6] 新宁县县志编纂委员会. 新宁县志 [M]. 长沙：湖南出版社，1997.

[7] 新邵县志编纂委员会. 新邵县志 [M]. 北京：人民出版社，1994.

[8] 洞口县地方志编纂委员会. 洞口县志 [M]. 北京：中国文史出版社，1992.

[9] 唐文林，王艳萍. 邵阳工艺美术 [M]. 长沙：湖南人民出版社，2014.

[10] 龙颂江，张心平. 湘西民间工艺美术精粹 [M]. 北京：学苑出版社，2007.